WISSEN & TESTEN

PHYSIK

7.–10. Klasse

WISSEN & TESTEN

Physik

7.–10. Klasse

Cornelsen
SCRIPTOR

Autor dieses Bandes:
Hans-Peter Götz unterrichtet Physik und Mathematik an einem Gymnasium.
Er hat an Cornelsen-Lehrbüchern über Physik mitgearbeitet.

www.cornelsen.de

Bibliografische Information: Die Deutsche Bibliothek verzeichnet diese Publikation in der Deutschen Nationalbibliografie; detaillierte bibliografische Daten sind im Internet über http://dnb.ddb.de abrufbar.

Dieses Werk berücksichtigt die Regeln der deutschen Rechtschreibung, die seit August 2006 gelten.

1. Auflage 2010

Redaktion: Marion Clausen, Göttingen
Reihen- und Gesamtgestaltung: Dagmar & Torsten Lemme, Berlin
Sachzeichnungen: Rainer J. Fischer, Berlin
Druck und Bindearbeiten: CPI – Clausen & Bosse, Leck
Printed in Germany
ISBN 978-3-589-22771-6

Gedruckt auf säurefreiem Papier,
umweltschonend hergestellt aus chlorfrei gebleichten Faserstoffen.

Vorwort

Liebe Schülerin, lieber Schüler!

Die Reihe ***WISSEN & TESTEN*** informiert dich knapp und genau über das Wichtigste in einem Fach.
In übersichtlichen Lerneinheiten bekommst du auf den WISSEN-Seiten leicht verständliche Erklärungen, Regeln und Beispiele zu einem Thema. Auf den anschließenden Seiten zum TESTEN kannst du sofort überprüfen, ob du alles verstanden hast. Hier findest du Fragen und Übungen, die genau zu den vorigen Seiten passen. Die Antworten kannst du direkt auf die Seiten schreiben; wenn der Platz nicht ausreicht, verwende ein zusätzliches Blatt Papier.

Am Ende jeder Einheit stehen die Lösungen auf einem gesonderten Farbfeld, sodass du gleich kontrollieren kannst, ob du alles richtig gemacht hast.
Im Inhaltsverzeichnis findest du schnell die Themen, die du gerade üben willst.

WISSEN & TESTEN Physik erklärt den wichtigsten Physik-Stoff aus den Bereichen

- Mechanik der festen Körper,
- Mechanik der Flüssigkeiten,
- Mechanik der Gase,
- Wärmelehre,
- Optik,
- Magnetismus und
- Elektrizitätslehre,

den du in der Sekundarstufe I brauchst, und veranschaulicht ihn durch viele Zeichnungen.

Mit diesem Buch kannst du dein Wissen auffrischen, dir Hilfe für Hausaufgaben oder Referate holen und testen, ob du fit für die nächste schriftliche oder mündliche Prüfung bist.

Wenn du merkst, dass dir ein Thema noch besondere Schwierigkeiten macht, lies in deinem Schulbuch nach oder frage deine Lehrerin oder deinen Lehrer.

Viel Erfolg!

INHALT

Inhalt

Optik

Magnetismus

Elektrizitätslehre

Körper in der Physik

Alle Gegenstände, die ein Physiker untersucht, nennt er – ganz allgemein – **Körper**. Es interessieren ihn gewisse Eigenschaften der Körper, wie z.B. ihre Form, ihre Gewichtskraft, ihre Oberflächenbeschaffenheit oder ihre elektrische Leitfähigkeit, aber auch das Zusammenwirken mit anderen Körpern.
Eine erste, grobe Einteilung der physikalischen Körper kann nach drei Gruppen erfolgen:

- **Feste Körper** wie Gegenstände aus Holz oder Metall haben eine bestimmte Gestalt und in der Regel auch ein gleichbleibendes Volumen. Gestalt und Rauminhalt kann man bei diesen Körpern meist nur mit großen Kräften ändern. Der Grund für diese Eigenschaften liegt darin, dass ihre kleinsten Bestandteile, die Moleküle oder Atome, dicht gepackt sind und durch starke Kräfte zusammengehalten werden.
- **Flüssige Körper** passen ihre Gestalt der jeweiligen Form des Gefäßes an und bilden eine waagrechte Oberfläche. Auch bei ihnen sind die Atome dicht gepackt, sie lassen sich jedoch leicht gegeneinander verschieben, wobei sich das Volumen ebenfalls nicht ändert.
- Bei den **Gasen** kann man dagegen Gestalt und Volumen leicht verändern. Gase haben das Bestreben, jeden Raum, der sich ihnen bietet, gleichmäßig auszufüllen. Diese Eigenschaft hat zur Folge, dass bei dieser Gruppe physikalischer Körper zwischen den Atomen – sie sind die Materie der Gase – große leere Räume bestehen.

Viele Stoffe, wie z.B. Wasser, kennt man in allen drei Formen: als festen Körper (Eis), als Flüssigkeit und im gasförmigen Zustand (Wasserdampf). Lässt sich ein Stoff schmelzen und/oder verdampfen, so spricht man von den verschiedenen **Aggregatzuständen** eines Stoffes: Diese sind fest, flüssig, gasförmig.

Überprüfe hier, ob das Wissen sitzt

1 Welche drei Gruppen von Körpern unterscheidet der Physiker?

________________________, ________________________ und

________________________ Körper.

2 Kreuze an, welche Eigenschaften zutreffen:

	Gestalt leicht veränderbar	Volumen leicht veränderbar	starke Kräfte zwischen den Molekülen
feste Körper			
flüssige Körper			
gasförmige Körper			

3 Wasser kann in fester, flüssiger oder gasförmiger Art vorkommen. Wie nennt man – zusammengefasst – diese drei Erscheinungsformen eines Stoffes?

____

1 Feste, flüssige und gasförmige Körper.

2

	Gestalt leicht veränderbar	Volumen leicht veränderbar	starke Kräfte zwischen den Molekülen
feste Körper			X
flüssige Körper	X		
gasf. Körper	X	X	

3 Aggregatzustände

2

Grundgrößen der Mechanik: Länge und Zeit

Die Physik ist eine exakte Wissenschaft und beschäftigt sich deshalb vorwiegend mit den messbaren Eigenschaften ihrer Objekte. Diese werden als *physikalische Größen* bezeichnet und bekommen meist einen (kursiv gedruckten) Buchstaben als abkürzendes Symbol.

Länge und Zeit

Die physikalische Größe **Länge** ist eine *Grundgröße*. Es gibt kein Naturgesetz, das uns vorschreibt, wie wir die Länge einer Strecke zu messen haben. Wir müssen deshalb ein geeignetes Messverfahren selbst (er)finden, und auch die **Längeneinheit** kann von uns frei gewählt werden.
Das Meter (1 m) wurde um 1800 in vielen europäischen Ländern eingeführt und wird als sogenanntes *Urmeter,* symbolisiert durch einen Edelmetallstab, in Paris aufbewahrt.

1 m sollte ursprünglich der 40-millionste Teil des Erdumfangs sein.
Seit 1983 ist 1 m diejenige Streckenlänge, die das Licht im Vakuum in $\frac{1}{299792458}$ Sekunden zurücklegt.

Auch die **Zeit** ist eine Grundgröße. Ihre Einheit, die Sekunde (1 s), ist heute ebenfalls über eine Lichteigenschaft festgelegt: über die Dauer einer großen Anzahl (über 9 Milliarden) von Schwingungen einer Strahlung aus dem Cäsium-Atom.
Ursprünglich war 1 s der 86 400. Teil der Dauer einer mittleren Tageslänge, die ihrerseits durch die Dauer einer Drehung der Erde um ihre Achse bestimmt war.

Überprüfe hier, ob das Wissen sitzt

1 Von welchen *Grundgrößen* ist in dieser Lerneinheit die Rede?

____

2 Warum müssen die Einheiten von Grundgrößen per Definition festgelegt werden?

Weil es dafür kein ____________________ gibt.

3 Es hat sich als zweckmäßiger herausgestellt, die Einheiten dieser zwei Grundgrößen über Eigenschaften des Lichts zu definieren, doch ursprünglich waren sie an Eigenschaften der Erde festgelegt worden.

a Wie war ursprünglich 1 Meter definiert?

____

b Wie lange sollte ursprünglich 1 Sekunde dauern?

____

1 Von Länge und Zeit.
2 Weil es dafür kein Naturgesetz gibt.
3 a Als der 40-millionste Teil des Erdumfangs.
b Als der 86 400. Teil der Dauer eines Tages.

3

Grundgrößen der Mechanik: Geschwindigkeit und Beschleunigung

Auf diese Grundgrößen und ihre Einheiten werden die sogenannten **abgeleiteten Größen** zurückgeführt:
Fährt ein Fahrzeug so, dass es für gleich große Streckenabschnitte Δs gleich große Zeitspannen Δt benötigt (oder umgekehrt: legt es in gleichen Zeitabschnitten immer gleich große Strecken zurück), so ist der Quotient $\frac{\Delta s}{\Delta t}$ stets gleich groß; er wird als **Geschwindigkeit** bezeichnet und mit v abgekürzt.

$$\textit{Geschwindigkeit} = \frac{\text{(Strecken-)Länge}}{\text{Zeit}}, \text{ kurz: } v = \frac{\Delta s}{\Delta t}$$

Die Einheit der Geschwindigkeit ist $1\,\frac{\text{m}}{\text{s}}$.

Bei der oben beschriebenen Bewegungsart ist die Geschwindigkeit gleichbleibend (es ist v = konstant), sie wird als eine **gleichförmige Bewegung** bezeichnet.
Da bei der gleichförmigen Bewegung eines Fahrzeugs der zurückgelegte Weg proportional zur Zeit anwächst, kann man sehr leicht die Wegstrecke berechnen – wenn die Geschwindigkeit bekannt ist; es gilt $s = v \cdot t$.
In dieser einfachen Form des *Weg-Zeit-Gesetzes* wird allerdings vorausgesetzt, dass zum Zeitpunkt $t = 0\,\text{m}$ auch $s = 0\,\text{s}$ ist (d. h., dass Zeit- und Wegnullpunkte zusammenfallen).
Die Schaubilder gleichförmiger Bewegungen sind in einem t-s-Koordinatensystem (Rechtsachse: t; Hochachse: s) Ursprungsgeraden, wobei an der Steigung die Geschwindigkeit abgelesen werden kann: je größer die Steigung, desto größer die Geschwindigkeit v.
Nimmt bei einer Bewegung in gleichen Zeitabständen die Geschwindigkeit um den gleichen Betrag zu (oder ab), so heißt die Bewegung **gleichmäßig beschleunigt** (bzw. **gleichmäßig verzögert**).
Unter der Beschleunigung a versteht man den Quotienten aus der Geschwindigkeits*änderung* Δv und der Zeitspanne Δt, in der diese stattfindet:

$$a = \frac{\Delta v}{\Delta t}.$$

Mit dem Δ-Zeichen (ausgesprochen: Delta) wird in der Physik die Differenz zweier Werte derselben Größe bezeichnet.
So bedeutet $\Delta t = t_2 - t_1$ die Differenz zweier Zeitpunkte t_1 und t_2, eine Zeitspanne.
Beispiel:

Wenn ein Auto seine Geschwindigkeit beim Anfahren in jeder Sekunde um $2\frac{\text{m}}{\text{s}}$ steigert, so kann man kurz sagen, seine Beschleunigung beträgt: $a = \frac{2\frac{\text{m}}{\text{s}}}{1\,\text{s}}$ oder mathematisch gleichwertig: $a = 2\frac{\text{m}}{\text{s}^2}$.

Eine „Quadratsekunde" gibt es nicht; der Ausdruck s^2 ist lediglich eine symbolische Schreibweise für das Produkt s mal s.

Der Umgang mit Messgrößen

Jede Messung ergibt eine *Maßzahl,* die aber erst einen Sinn bekommt, wenn die *Maßeinheit* folgt.
Physikalische Größe = Maßzahl · Maßeinheit.
$l = 5 \cdot 1\,\text{m} = 5\,\text{m} = 50\,\text{dm} = 500\,\text{cm}$.
Eine physikalische Größe ändert sich nicht, wenn man eine andere Maßeinheit wählt; so ist die Länge einer Strecke von der gewählten Maßeinheit unabhängig.
Um einprägsame Ergebnisse zu erhalten (und um Nullen zu vermeiden), verwendet man in der Physik vorzugsweise 10er-Potenzen bei den Maßzahlen oder Vorsilben (bzw. deren Abkürzung) vor den Einheiten.
Beispiel:

$l = 5\,200\,\text{m} = 5{,}2 \cdot 10^3\,\text{m} = 5{,}2\,\text{km}$ (Kilometer)
$t = 0{,}000\,002\,\text{s} = 2 \cdot 10^{-6}\,\text{s} = 2\,\mu\text{s}$ (Mikrosekunden)

Überprüfe hier, ob das Wissen sitzt

1 Ergänze den Text.

a Die (abgeleitete) Größe *Geschwindigkeit* berechnet sich als Quotient aus

____

____

b Die Einheit der Geschwindigkeit ist ______________

2 Mit welcher (mittleren) Geschwindigkeit in $\frac{m}{s}$ fährt ein Radfahrer, der für eine Fahrt zwischen den Kilometersteinen 5 und 23 eine Stunde benötigt?

$v =$ ______________ $\frac{km}{h}$ $=$ ______________ $\frac{m}{s}$

3 Welche Beschleunigung erfährt ein Fahrzeug, das in jeder Sekunde seine Geschwindigkeit um $3\,\frac{m}{s}$ steigert?

$a =$

4 Bei zwei gleichförmig mit der konstanten Geschwindigkeit $v = 3\,\frac{m}{s}$ fahrenden Fahrzeugen A und B werden zusammengehörende Weg-Zeit-Paare gemessen. Vervollständige die Tabelle.

	$\frac{t}{s}$	0	1	2	…	10	20	30
A	$\frac{s}{m}$	0	3		…			
B	$\frac{s}{m}$	5	8		…			

5 Ergänze den Text.

a Unter *Beschleunigung* versteht man den Quotienten aus

____

____

b Die Einheit der Beschleunigung lautet ______________________.

6 Ergänze.

Bei einer *gleichförmigen* Bewegung ist die ______________________

konstant, bei einer *gleichmäßig beschleunigten* Bewegung ist die

______________________ konstant.

1 a der Streckenlänge Δs und der Zeitdauer Δt: $v = \frac{\Delta s}{\Delta t}$
b $1\,\frac{m}{s}$

2 $v = 18\,\frac{km}{h} = 5\,\frac{m}{s}$

3 $a = 3\,\frac{m}{s} : 1\,s = 3\,\frac{m}{s^2}$

4

	$\frac{t}{s}$	0	1	2	…	10	20	30
A	$\frac{v}{\frac{m}{s}}$	0	3	6	…	30	60	90
B	$\frac{v}{\frac{m}{s}}$	5	8	11	…	35	65	95

5 a der Geschwindigkeitsänderung Δv und der Zeitdauer Δt: $a = \frac{\Delta v}{\Delta t}$
b Einheit: $1\,\frac{m}{s^2}$

6 Bei einer *gleichförmigen* Bewegung ist die Geschwindigkeit konstant, bei einer *gleichmäßig beschleunigten* Bewegung ist die Beschleunigung konstant.

Körper wirken durch Kraft aufeinander ein

Wenn zwei Körper (oder mehrere) aufeinander einwirken, so nennt man diese Wechselwirkung in der Physik **Kraft**. Oder man sagt: Die Körper üben Kräfte aufeinander aus.

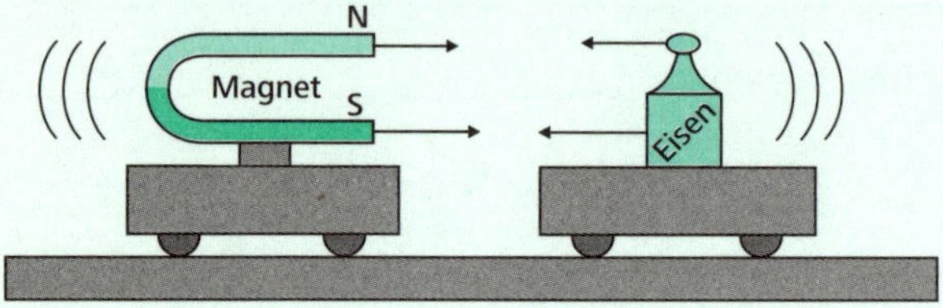

Wenn in der Physik von Kräften die Rede ist, sind stets mehrere Körper im Spiel (mindestens zwei), auch wenn zunächst nur ein Körper erkannt wird. Man vermeidet in der Physik, einem einzelnen Körper Kraft zuzuschreiben. Ein Magnet, aber auch ein „kräftiger" Mensch, kann nur Kräfte zeigen, wenn ein weiterer Körper mitwirkt.

Wie man Kräfte erkennt

- War ein Körper zuvor in Ruhe, kann er durch Kraft in Bewegung gebracht werden.
- War ein Körper bereits in Bewegung, so kann durch Kraft seine Geschwindigkeit vergrößert oder verkleinert werden; man sagt deshalb auch, Kräfte beschleunigen Körper.
- Kräfte können auch die Bewegungs*richtung* ändern (ohne gleichzeitig den Betrag der Geschwindigkeit zu ändern), z.B. wird der Mond durch die Anziehungskraft der Erde auf eine Kreisbahn gezwungen, ohne dass sich dabei der Betrag seiner Geschwindigkeit ändert.

Diese drei Punkte kann man kurz zusammenfassen: Der Bewegungszustand eines Körpers wird durch Kraft verändert.

- Wirken auf einen Körper von zwei Seiten gleich große Kräfte ein oder ist er mit einem weiteren Körper starr verbunden, so wird er durch eine Kraft nicht beschleunigt, jedoch *verformt*.

  Beispiel:

  Wenn man einen Gummiball fest mit beiden Händen hält, wird er etwas verformt, doch noch nicht beschleunigt.

Körper, die sich bei der Einwirkung einer Kraft verformen, ihre ursprüngliche Gestalt jedoch wieder annehmen, wenn die Kraft weggenommen wird (wie bei einem Gummiball), sind aus einem Stoff, der *elastische* Eigenschaften besitzt. Gerade besonders „harte" Materialien, wie Eisen (Federstahl!), erweisen sich als elastisch. Körper, bei denen die Verformung jedoch bleibt oder nur teilweise zurückgeht, zeigen *plastische* Eigenschaften.

Kräfte erkennt man nur an ihren Wirkungen:
- Verformung eines Körpers
- Beschleunigung eines Körpers
- Änderung der Bewegungsrichtung

Beharrungs- oder Trägheitsgesetz

Raumsonden fliegen heute mit großer Geschwindigkeit *antriebslos* und damit ohne beschleunigende Krafteinwirkung durchs Weltall. Für die Aufrechterhaltung einer bestimmten Geschwindigkeit ist also *keine ständige Krafteinwirkung* nötig.
Diese Erkenntnis war für die Mechanik von fundamentaler Bedeutung und wird heute als **Beharrungsgesetz** oder **Trägheitsgesetz** bezeichnet:
Jeder Körper beharrt in seinem augenblicklichen Bewegungszustand, wenn er nicht durch Kräfte gezwungen wird, dies zu ändern.

Wenn auf einen Körper *keine* Kraft einwirkt, verbleibt er im Zustand der Ruhe – wenn er schon in Ruhe ist. Oder er bewegt sich geradlinig mit gleichbleibender Geschwindigkeit weiter – wenn er schon in Bewegung ist.

Überprüfe hier, ob das Wissen sitzt

1 Bei welchen Vorgängen in den folgenden Zeitungsberichten ist eine *physikalische* Kraft ursächlich? Kreuze an.

a ☐ Dank des neu entwickelten Motors kommt dieser PKW in 12 Sekunden von Null auf Hundert.

b ☐ Wie Versuche in unserem Testlabor gezeigt haben, besitzt dieses Mittel die beste Waschkraft!

c ☐ Seit mindestens 4,6 Milliarden Jahren umrundet die Erde unsere Sonne.

d ☐ In diesem Jahr erwartet die Wirtschaft einen kräftigen Aufschwung.

e ☐ Das Wahlprogramm dieses Politikers besitzt eine überzeugende Ausdruckskraft.

f ☐ Für den Bau eines neuen Hallenbads bedarf es eines enormen Kraftakts der Gemeinde.

g ☐ Die 1972 gestartete Raumsonde Pioneer hat inzwischen das Planetensystem verlassen und fliegt mit hoher Geschwindigkeit weiter in den Weltraum.

h ☐ Dank einer kraftvollen Flanke von Michael Ballack wurde das Spiel in letzter Minute gewonnen.

i ☐ Bei einer Prügelei auf dem Schulhof wurde einem Mitstreiter der Schneidezahn ausgeschlagen.

j ☐ Durch die Klimaerwärmung der Erde schmilzt das Polareis, was einen kräftigen Anstieg des Meeresspiegels zur Folge hat.

k ☐ Geheimnisvoll: Reibt man das Geo-Dreieck mit einem Wolltuch, so zieht es kleine Papierschnitzel an.

l ☐ Der Sturm „Lothar“ hinterließ in vielen Waldgebieten eine „Schneise der Verwüstung“.

m Dank seiner übersinnlichen Geisteskräfte konnte er Gedanken lesen.

n Gegen die Eiseskälte bei der diesjährigen Treibjagd half nur ein kräftiger Schluck aus der Flasche.

2 Warum fliegen Raumsonden mit hoher Geschwindigkeit im Weltall weiter, nachdem der Treibstoff für ihren Raketenantrieb aufgebraucht ist?

____

____

3 An welchen drei Wirkungen erkennt man das Vorhandensein einer Kraft auf einen Körper?

____

____

____

4 Was passiert mit einem Körper, wenn auf ihn eine Kraft einwirkt, er aber nicht beschleunigt wird, weil er z. B. festgebunden ist?

____

1 Eine physikalische Kraft lag diesen Ereignissen zugrunde:
a – c – h – i – k – l.

2 Weil sie aufgrund der Trägheit (Beharrungsgesetz) auch ohne Krafteinwirkung ihre Geschwindigkeit beibehalten.

3 Verformung eines Körpers
Beschleunigung eines Körpers
Änderung der Bewegungsrichtung

4 Der Körper wird verformt.

5

Wovon die Wirkung einer Kraft abhängt

Die Wirkung einer Kraft hängt in der Regel von drei Gegebenheiten ab:

- Von der „Stärke“ der Kraft; man spricht in der Physik vom *Betrag* der Kraft.

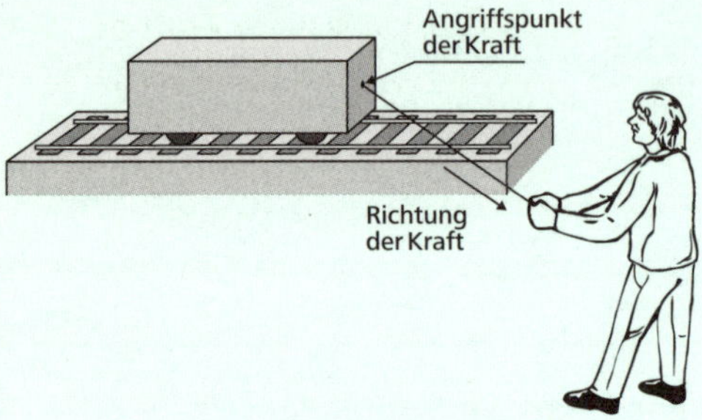

- Von der *Richtung* der Kraft. Wenn man einen Wagen, der auf Schienen läuft, mit einer Kraft beschleunigt, deren Richtung schräg zu den Schienen wirkt, hat man viel weniger Erfolg, als wenn man ihn mit einem gleich großen Kraftbetrag parallel zu den Schienen zieht.
- Vom *Angriffspunkt* der Kraft. Wenn man eine schwere Kiste umstürzen will, geht es viel besser, wenn der Angriffspunkt der Kraft möglichst weit vom Drehpunkt entfernt ist.

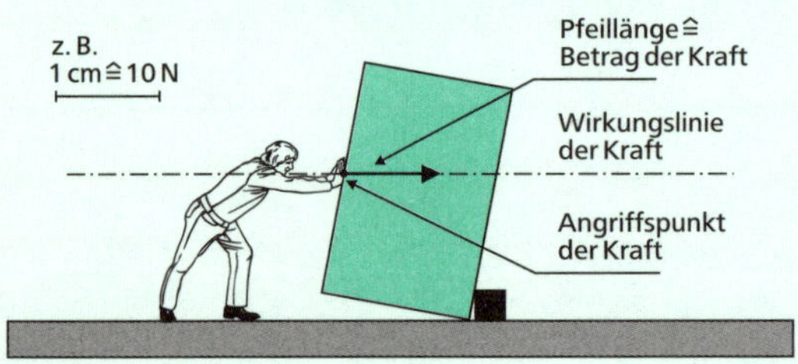

Diese drei Eigenschaften werden in Skizzen durch einen **Kraftpfeil** symbolisiert (Größen, die man durch Pfeile symbolisch darstellen kann, nennt man auch *Vektorgrößen*): Angriffspunkt und Kraftrichtung werden durch den Anfangspunkt und die Pfeilspitze gekennzeichnet. Die Länge des gezeichneten Pfeils ist ein Maß für den Betrag der Kraft; z. B. kann 1 cm Pfeillänge 10 Newton an Kraft bedeuten. (Der verwendete Kraftmaßstab ist willkürlich wählbar, muss jedoch in einer Skizze einheitlich verwendet werden.) Die verformende Wirkung einer Kraft hängt zudem von weiteren Körper- oder Stoffeigenschaften ab, z. B. von der Elastizität.

Überprüfe hier, ob das Wissen sitzt

1 Wie bezeichnet man in der Physik korrekt die „Stärke“ einer Kraft?

____

2 Von welchen drei Gegebenheiten hängt die Wirkung einer Kraft ab, wenn diese auf einen Körper einwirkt, und wie werden diese in Skizzen durch einen Kraftpfeil symbolisch dargestellt?

a ______________________________ symbolisiert durch

____

b ______________________________ symbolisiert durch

____

c ______________________________ symbolisiert durch

____

3 Was muss man beachten, wenn man in einer Skizze mehrere Kräftepfeile einzeichnet?

____

____

1 Betrag der Kraft

2 a Betrag der Kraft – symbolisiert durch Länge des Pfeils
b Richtung der Kraft – symbolisiert durch Pfeilspitze
c Angriffspunkt der Kraft – symbolisiert durch Pfeilanfang

3 Man muss einen einheitlichen Maßstab für die Länge der Kräftepfeile verwenden.

6

Wie man Kräfte misst

Kräfte erkennt man nur an ihren Wirkungen, diese sind für ein Messverfahren wichtig. In der Schule wird meist ein statisches Verfahren gewählt, das auf der Dehnung einer Feder beruht.
Die Einheit der Kraft heißt 1 **Newton** (abgekürzt: N), benannt nach dem Engländer *Isaac Newton* (1643–1707). Die Krafteinheit 1 N kann auf die folgende Weise gewonnen werden: Eine Tafel Schokolade (mit Verpackung) besitzt ungefähr 102 g Masse, sie wiegt dann 1 Newton. Wenn man sie in der Hand hält, muss die Armmuskulatur eine Kraft von 1 N aufbringen.
Die exakte Definition der Krafteinheit ist über eine Bewegung festgelegt worden: Eine Kraft hat den Betrag 1 N, wenn sie die Geschwindigkeit eines Körpers von 1 kg Masse in 1 Sekunde um $1\frac{\text{m}}{\text{s}}$ zu steigern vermag, oder kurz: wenn sie ihm eine Beschleunigung von $a = 1\frac{\text{m}}{\text{s}^2}$ erteilt.

Diese Definition hat den Vorteil, dass sie ortsunabhängig ist. Sie würde sogar in einem künftigen Weltraumlabor anwendbar sein, wo keine Gewichtskräfte existieren. Als abkürzenden Buchstaben für die Größe Kraft wird F verwendet, also z. B. $F = 5{,}6$ N.
In der Schule verwendet man als Messgerät für Kräfte *Federkraftmesser,* bei denen eine Kraft eine Metallfeder verformt. Das Ausmaß dieser Einwirkung, der Grad der Verformung, wird auf einer *Newton-Skala* angezeigt.

Die Gewichtskraft wirkt überall

Eine allgegenwärtige Kraft ist die **Gewichtskraft**. Die Erde und auch die anderen Planeten üben auf jeden Körper in ihrer Umgebung eine anziehende Kraft aus. Man spricht von *Massenanziehungskraft, Gravitationskraft, Schwerkraft;* meist sagt man jedoch: Körper erfahren an der Erdoberfläche eine Gewichtskraft. Die Gewichtskraft zeigt stets in Richtung Erdmittelpunkt. Wir bezeichnen diese Richtung an jedem Ort der Erdoberfläche als *lotrecht* oder *senkrecht*.
Der Betrag der Gewichtskraft, die ein Körper auf der Erde erfährt, hängt ab:

- von Eigenschaften der Erde: a) von der Materie unter unseren Füßen, b) von der Entfernung zum Erdmittelpunkt und damit vom Ort, an dem wir uns befinden;
- von einer Eigenschaft des Körpers, die als Masse bezeichnet wird.

Überprüfe hier, ob das Wissen sitzt

1 Ergänze den Text.

a Physikalische Kräfte werden in der Einheit ____________ angegeben.

b Die Gewichtskraft, die ein Körper an der Erdoberfläche erfährt, hängt ab vom ______________, an dem sich der Körper befindet, und von seiner ________________.

2 Alle Körper an der Erdoberfläche erfahren eine Gewichtskraft. Welche weiteren Namen sind für diese Kraft gebräuchlich?

____

____

3 Wie viel wiegt ungefähr die Masse einer 100-Gramm-Tafel Schokolade?

____

4 Wie lautet die exakte Festlegung der Einheit der Kraft (über eine Bewegung definiert)?

____

____

5 Welchen Vorteil hat diese Definition der Krafteinheit?

____

____

1 a Newton
b Die Gewichtskraft, die ein Körper an der Erdoberfläche erfährt, hängt ab vom Ort, an dem sich der Körper befindet, und von seiner Masse.
2 Massenanziehungskraft, Gravitationskraft, Schwerkraft
3 1 N
4 Eine Kraft besitzt den Betrag 1 N, wenn sie einen Körper der Masse 1 kg mit $1\,\frac{m}{s^2}$ beschleunigt.
5 Sie ist von der Gewichtskraft – einer speziellen Kraft – unabhängig.

7

Die Masse eines Körpers

Jeder physikalische Körper hat **Masse**, sie wird in Kilogramm (kg) gemessen und mit dem Buchstaben *m* abgekürzt. 1 kg ist festgelegt als die Masse eines bestimmten Körpers, eines *Urkilogramms,* ursprünglich 1 Liter Wasser. Dieses Urkilogramm ist heute ein kleiner Edelmetallkörper, der in Paris aufbewahrt wird – er hätte aber auch an jedem anderen Ort, ja selbst auf dem Mond oder auf einem Planeten, die Masse 1 kg. Seine Gewichtskraft ist dagegen ortsabhängig, sie beträgt in Paris $F_G = 9{,}81\,\mathrm{N} \approx 10\,\mathrm{N}$.
Die Größe „Masse" beschreibt eigentlich die Eigenschaft, wie stark sich ein Körper gegen die beschleunigende Wirkung einer Kraft „wehrt", und wird deshalb auch als *Trägheit* oder *Beharrungsvermögen* bezeichnet.
Versuche haben gezeigt: Je träger ein Körper ist (= je größer seine Masse ist), desto größer ist auch die Gewichtskraft, die er erfährt.
Als Messgerät für Massen benutzt man meist eine **Balkenwaage** (mit zwei Schalen). Sie vergleicht jeweils die Gewichtskräfte auf die Körper in ihren Waagschalen am *gleichen Ort.* Da die Gewichtskraft F_G, die ein Körper erfährt, zu seiner Masse *m* proportional anwächst, ist der Quotient $\frac{F_G}{m}$ für alle Körper an einem Ort gleich. An verschiedenen Orten gemessen ist jedoch der Zahlenwert dieses Quotienten verschieden. Er heißt deshalb **Ortsfaktor** (abgekürzt: *g*).

Für alle Orte in Europa gilt ein Ortsfaktor: $g = 9{,}81\,\frac{\mathrm{N}}{\mathrm{kg}}$ an den Polen der Erde $9{,}83\,\frac{\mathrm{N}}{\mathrm{kg}}$ am Äquator $9{,}78\,\frac{\mathrm{N}}{\mathrm{kg}}$. Auf unserem Mond ist der Ortsfaktor rund 6-mal kleiner: $g = 1{,}6\,\frac{\mathrm{N}}{\mathrm{kg}}$. Nur deshalb konnten die Astronauten ihre Tornister von 84 kg Masse auf dem Rücken tragen. Alle Gegenstände – auch die Astronauten selbst – wiegen dort 6-mal weniger.

Mit der Kenntnis des Ortsfaktors *g* kann man die Gewichtskraft eines Körpers berechnen, wenn man seine Masse (mit der Balkenwaage) bestimmt hat und mit *g* multipliziert: $F_G = m \cdot g$.
Oder umgekehrt: Hängt man einen Körper an einen Federkraftmesser, so zeigt dieser die Gewichtskraft an; dividiert man durch *g*, so erhält man die Masse des angehängten Körpers: $m = \frac{F_G}{g}$.

Überprüfe hier, ob das Wissen sitzt

1 Kreuze an, welche Größe sich geändert hätte, wenn die Astronauten eine Tafel Schokolade zum Mond mitgenommen hätten:

- ☐ Volumen
- ☐ Masse
- ☐ Gewichtskraft
- ☐ Nährwert

2 Warum ist es sinnvoll, auf Wägestücken die Masse in kg und nicht ihre Gewichtskraft in N anzubringen?

____

____

____

3 Fülle die Lücken in dieser Tabelle aus:

Masse m	3,5 kg	7,2 kg		50 g
Ortsfaktor g	9,81 $\frac{N}{kg}$		10,5 $\frac{N}{kg}$	
Gewichtskraft F_G		46,8 N	420 N	0,49 N

1 Nur die Gewichtskraft.

2 Weil die Masse eine alleinige Eigenschaft eines Körpers ist, die Gewichtskraft dagegen zusätzlich von der Erdanziehung (Gravitation) abhängt, die an verschiedenen Orten der Erdoberfläche unterschiedlich stark auf einen Körper einwirkt.

3

Masse m	3,5 kg	7,2 kg	40 kg	50 g
Ortsfaktor g	9,81 $\frac{N}{kg}$	6,5 $\frac{N}{kg}$	10,5 $\frac{N}{kg}$	9,8 $\frac{N}{kg}$
Gewichtskraft F_G	34,3 N	46,8 N	420 N	0,49 N

8

Das Wechselwirkungsgesetz

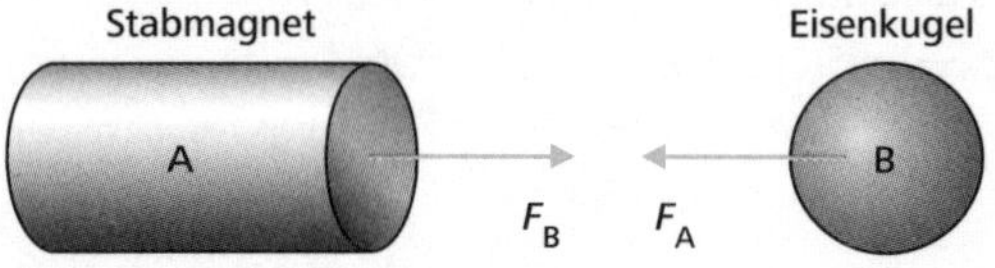

Kräfte treten nur bei einer Wechselwirkung von (mindestens) zwei Körpern auf und beide Körper üben dann Kräfte aufeinander aus. Dabei zeigt sich der folgende Erfahrungssatz:
Übt ein Körper A auf einen Körper B eine Kraft aus, so übt auch B auf A eine Kraft aus, und zwar vom selben Betrag, doch in entgegengesetzte Richtung.

Dieses Kräftepaar, das an zwei verschiedenen Körpern angreift, heißt **Wechselwirkungskräftepaar**.

Das Wechselwirkungsgesetz wird auch als *Prinzip von Kraft und Gegenkraft* oder als das *Prinzip von actio und reactio* bezeichnet.

Überprüfe hier, ob das Wissen sitzt

1 Vervollständige das sogenannte *Wechselwirkungsgesetz:*

Übt ein Körper A auf einen Körper B eine ____________ aus, so übt auch

____

2 Ergänze den Text.

Ein *Wechselwirkungskräftepaar* besitzt ________________ Beträge,

jedoch ______________________ Richtungen und die Kräfte greifen

jeweils an ________________ verschiedenen Körpern A und B an.

3 Wie lautet eine weitere (gleichwertige) Bezeichnung für das Wechselwirkungsgesetz?

____

4 Ein Magnet und ein eiserner Nagel liegen auf dem Tisch. Wer übt auf wen eine anziehende Kraft aus?

____

____

1 Übt ein Körper A auf einen Körper B eine Kraft aus, so übt auch Körper B auf Körper A eine Kraft aus.

2 Ein *Wechselwirkungskräftepaar* besitzt gleiche Beträge, jedoch entgegengesetzte Richtungen und die Kräfte greifen jeweils an zwei verschiedenen Körpern A und B an.

3 Prinzip von Kraft und Gegenkraft

4 Sowohl der Magnet als auch der Nagel üben auf den jeweils anderen Körper eine Kraft vom gleichen Betrag aus.

Körper im Kräftegleichgewicht

Beim Tauziehen kommt es häufig zu einer Pattsituation: Das Seil bewegt sich nicht. Es befindet sich im Kräftegleichgewicht, die Beträge der Kräfte jeder Mannschaft sind gleich groß. Da die Kräfte entgegengesetzte Richtungen haben, kompensieren sie sich gegenseitig. (Allerdings nur, was die Bewegung angeht; im Seil herrschen weiterhin Kräfte, die manchmal dazu führen, dass das Seil reißt!)

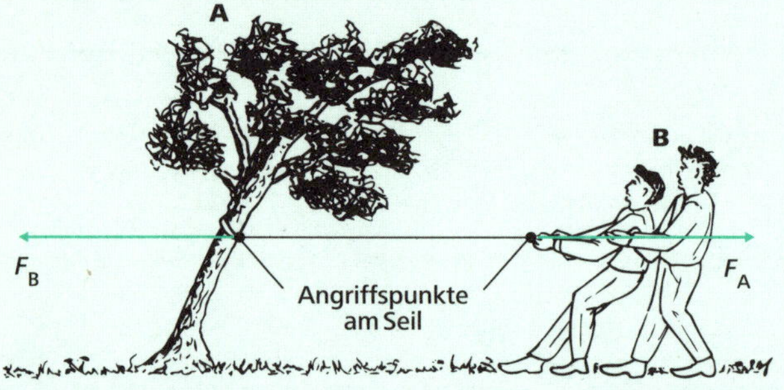

Aber auch wenn das eine Ende des Seils um einen Baumstamm geschlungen wird, kommt das Seil bald zum Stillstand. Der Baumstamm wird zur Seite gebogen (verformt) und entwickelt dadurch eine Kraft (aufgrund seiner Elastizität), die ebenfalls am Seil angreift.

Elastische Gegenkräfte treten sehr häufig auf und erklären auch, warum wir trotz der einwirkenden Gewichtskraft nicht ständig beschleunigt werden. Wenn wir in Ruhe auf einem Stuhl sitzen, dann haben wir die Sitzfläche so weit durchgebogen, bis ihre „Rückstellkraft", die an unserer Sitzfläche angreift, denselben Betrag hat wie die ebenfalls auf uns einwirkende Gewichtskraft.

Greifen zwei Kräfte von gleichem Betrag, aber entgegengesetzter Richtung an einem Körper an, so ist der Körper im *Kräftegleichgewicht* (und verharrt in dem augenblicklichen Bewegungszustand). Dieses Kräftepaar wird als **Gleichgewichtskräftepaar** bezeichnet.

Überprüfe hier, ob das Wissen sitzt

1 Gib die beiden Möglichkeiten an:

Ein Körper bleibt in Ruhe, wenn ______________________________

oder ______________________________.

2 Ergänze den Text.

Ein Gleichgewichtskräftepaar besitzt ____________ Beträge,

________________ Richtungen und greift an ________ Körper an.

3 Auch wenn ich ruhig auf einem Stuhl sitze, versucht die Gewichtskraft, mich in Richtung Erdmittelpunkt zu beschleunigen. Warum bin ich trotzdem im Kräftegleichgewicht und verharre in meinem augenblicklichen Bewegungszustand?

____

____

____

4 Schneeflocken fallen in der Luft ersichtlich gleichförmig nach unten. Ursächlich ist dafür die Gewichtskraft, doch wie erklärt sich, dass diese Kraft nicht beschleunigend wirkt?

____

____

____

1 … entweder keine Kraft oder ein sogenanntes *Gleichgewichtskräftepaar* auf ihn einwirkt.

2 Ein Gleichgewichtskräftepaar besitzt gleiche Beträge, entgegengesetzte Richtungen und greift an einem Körper an.

3 Meine Gewichtskraft übt eine verformende Kraft auf die Sitzfläche aus. Die elastische „Rückstellkraft" der Sitzfläche übt daraufhin eine Kraft vom gleichen Betrag – nach oben gerichtet – auf mich aus.

4 In Luft fallende Körper sind nach einer sehr kurzen Beschleunigungsphase (die kaum zu beobachten ist) im Kräftegleichgewicht mit einer „Luftreibungskraft". Ab diesem Moment fallen sie kräftefrei mit konstanter Geschwindigkeit nach dem Beharrungsgesetz weiter.

10

Wenn mehrere Kräfte an einem Körper angreifen

Greifen mehrere Kräfte gleichzeitig in beliebiger Weise an einem Körper an, so kann das sehr unterschiedliche Auswirkungen haben, je nach Betrag, Angriffspunkt und Kraftrichtung: Der Körper kann sich drehen (kippen), dehnen (verformen), er kann in Stücke gerissen werden oder beschleunigt werden. Wir wollen hier nur vier Fälle von *zwei* Kräften diskutieren.

- Fall 1: Kräfte von gleichem Betrag, aber *entgegengesetzter* Richtung, greifen an zwei verschiedenen Punkten eines Körpers an: Ein frei beweglicher Körper wird sich zunächst drehen, bis die Kraftpfeile in einer gemeinsamen **Wirkungslinie** liegen.

Unter der Wirkungslinie einer Kraft versteht man eine Gerade (ohne Anfang und ohne Ende), in der der Kraftpfeil liegt.
In vielen Fällen kann man eine Kraft gedanklich entlang ihrer Wirkungslinie verschieben, ohne dass sich ihre Wirkung ändert.

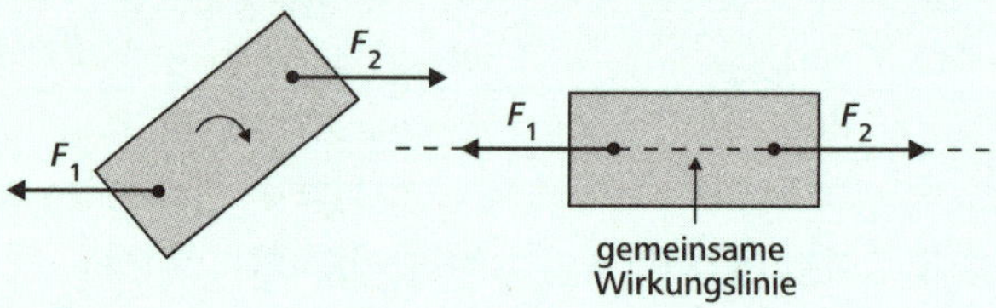

Dann ist der Körper im Kräftegleichgewicht und wird sich allenfalls noch verformen. Ist die Verformung unmerklich klein oder ohne Interesse, werden häufig in Skizzen die Angriffspunkte der Kräfte entlang der Wirkungslinien zusammengeschoben, und es wird so getan, als ob alle Kräfte gemeinsam am gleichen Punkt des Körpers, dem Schwerpunkt, angreifen. So wird die Gewichtskraft auf einen Körper stets als *ein* Pfeil eingetragen, obwohl in Wirklichkeit jedes Atom des Körpers eine Gewichtskraft erfährt.

- Fall 2: Kräfte in *gleicher Richtung* greifen an einem Körper an: Hier zeigen Experimente, dass man die gleiche Wirkung durch *eine* Kraft hervorbringen kann, die die gleiche Richtung hat, jedoch mit einem Betrag gleich der Summe der Beträge der einzelnen Kräfte: Man schreibt für diese **Ersatzkraft**:
  $F_E = F_1 + F_2$

- Fall 3: Zwei Kräfte in *entgegengesetzter Richtung* greifen an einem Körper an: Hier gilt sinngemäß das Gleiche. Die Kräfte können durch *eine* Ersatzkraft ersetzt werden:

$F_E = F_1 - F_2$

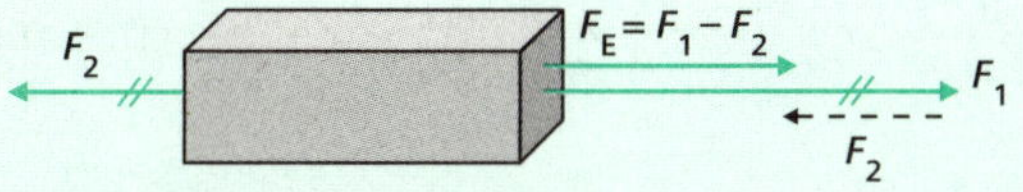

Ist $F_E > 0$, so hat F_E die Richtung von F_1. Ist dagegen F_2 die betragsmäßig größere Kraft, so zeigt auch F_E in Richtung von F_2.

- Fall 4: Zwei Kräfte greifen an einem Punkt eines Körpers an, ihre *Richtungen* sind *beliebig:*
  Auch hier kann man ihre Wirkungen durch *eine* Kraft ersetzen: Man findet den Betrag und die Richtung der Ersatzkraft durch die Konstruktion eines **Kräfteparallelogramms**.
  Dazu konstruiert man aus den beiden Kräftepfeilen (einheitlichen Kräftemaßstab beachten!) ein Parallelogramm. Die Diagonale dieses Parallelogramms liefert den Pfeil der Ersatzkraft, die auch als *Resultierende* bezeichnet wird. Beachte: Es ist $F_E \neq F_1 + F_2$ (Beträge der Kräfte)!

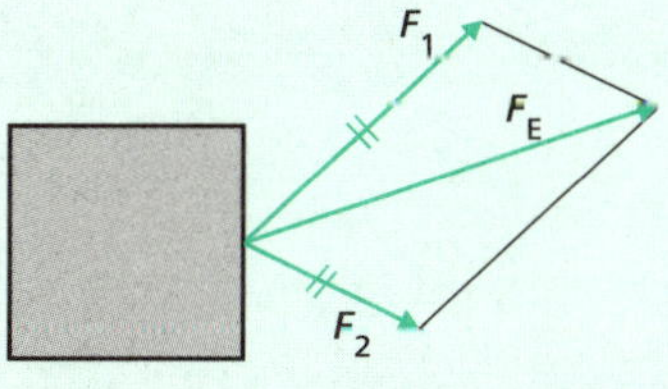

Überprüfe hier, ob das Wissen sitzt

1 Ina geht mit zwei angeleinten Hunden spazieren. Fiffi zieht mit 300 N in nördliche Richtung, Bello mit 400 N in Richtung Ost. Mit welcher (Ersatz-)Kraft ziehen die beiden Hunde an Inas Hand und in welche Richtung wird sie gezogen?

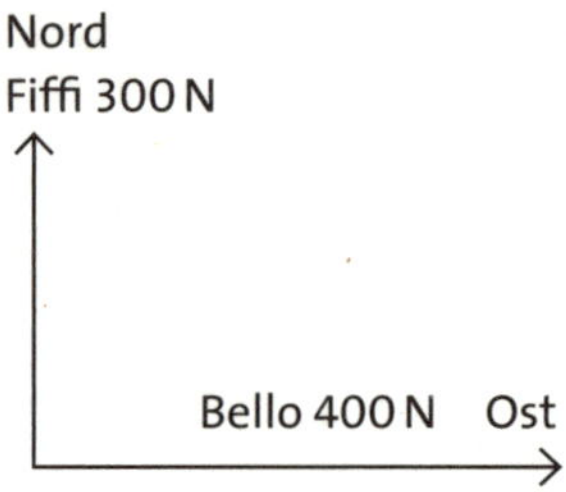

2 Löse folgende Aufgaben.

a Bestimme den Betrag der Ersatzkraft, wenn an einem Punkt P eines Körpers zwei Kräfte mit 50 N bzw. 80 N angreifen und diese Kräfte einen Winkel von 60° einschließen.

b Wie groß ist die Ersatzkraft, wenn die Kräfte mit 50 N und 80 N in paralleler Richtung an P angreifen?

c Wie groß ist die Ersatzkraft, wenn die Kräfte mit 50 N und 80 N in entgegengesetzter Richtung an P angreifen?

Die Richtung dieser Ersatzkraft weist in Richtung ________________

3 Ergänze den Text.

a Der Betrag der Ersatzkraft ist größer als die Summe der einzelnen

Kräfte $F_E > F_1 + F_2$, wenn der Winkel zwischen ihnen ______________

ist; die Ersatzkraft ist kleiner als die Summe der einzelnen Kräfte

$F_E < F_1 + F_2$, wenn der Winkel zwischen ihnen ______________ ist.

b Wenn zwei Kräfte an beliebigen Stellen eines Körpers angreifen, wird sich der Körper meist zunächst ein wenig drehen. Bei welcher Kräftebedingung kommt diese Drehung zu Ende?

____

1 F_E = 500 N; Richtung ≈ Ost-Nordost, (N53°E)

2 a $F_E \approx$ 11,4 N

b 130 N

c 30 N; die Richtung dieser Ersatzkraft weist in Richtung der Kraft mit 80 N Betrag.

3 a Der Betrag der Ersatzkraft ist größer als die Summe der einzelnen Kräfte $F_E > F_1 + F_2$, wenn der Winkel zwischen ihnen < 180° ist; die Ersatzkraft ist kleiner als die Summe der einzelnen Kräfte $F_E < F_1 + F_2$, wenn der Winkel zwischen ihnen > 180° ist.

b Wenn die Wirkungslinien dieser Kräfte übereinstimmen (zusammenfallen).

Die Kräftezerlegung

Die Konstruktion des Kräfteparallelogramms wird gelegentlich in umgekehrter Reihenfolge durchgeführt: Man spricht dann von einer **Kräftezerlegung**. Man ersetzt eine (wirkliche) Kraft in Gedanken durch zwei Kräfte; viele Probleme der Mechanik lassen sich dadurch vereinfachen.

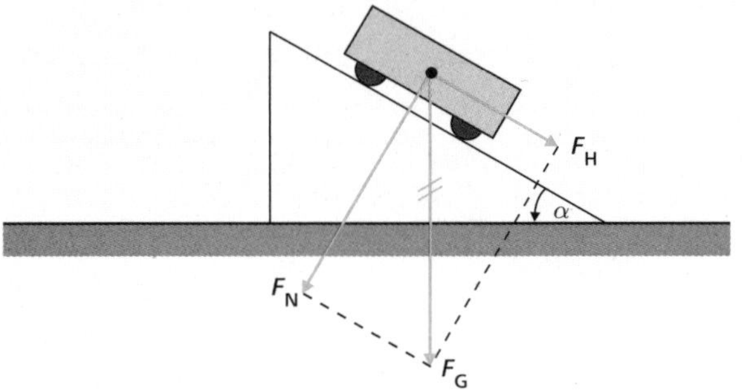

Da es zu *einer* Diagonalen unendlich viele verschiedene Parallelogramme gibt, ist die Zerlegung zunächst nicht eindeutig. Es müssen deshalb die Richtungen der Ersatzkräfte – man spricht in diesem Fall auch von zwei **Komponenten** einer Kraft (die dann die Seiten des Parallelogramms bestimmen) – vorgegeben sein. Aus physikalischen Gründen ergeben nur zwei rechtwinklig (orthogonal) zueinander stehende Richtungen einen Sinn, denn nur dann beeinflussen sich die beiden Ersatzkräfte gegenseitig nicht.

Beispiel:

Wie groß ist die beschleunigende Kraft, die ein (reibungsloser) Wagen auf einer geneigten Fahrbahn (schiefe Ebene) erfährt?

$\left(\text{Zeichnerische Lösung oben für } F_G = 5\,\text{kg} \cdot 9{,}81\,\frac{\text{N}}{\text{kg}} \approx 50\,\text{N};\ \alpha = 30°\right)$

Überlegungen und Konstruktionsfolge

Eine beschleunigende Kraft hat die Richtung parallel zur Fahrbahn (in Fahrtrichtung). Da jedoch die Gewichtskraft die einzige wirklich einwirkende Kraft ist und stets lotrecht wirkt, muss eine Komponente von ihr die beschleunigende Wirkung hervorrufen.

Zeichne in einer (sonst nicht maßstäblichen) Skizze mit dem Steigungswinkel $\alpha = 30°$ den Kraftpfeil der Gewichtskraft ein (z. B. 5 cm lang) und konstruiere ein Parallelogramm, das den Gewichtskraftpfeil als Diagonale enthält. (Das Parallelogramm wird in diesem Fall zu einem Rechteck.)

An der zur Fahrtrichtung parallelen Seite des Rechtecks kann man den Betrag der gesuchten Kraft ablesen (etwa 25 N), die man als **Hangabtriebskraft** bezeichnet.

Eine weitere Komponente (ca. 43 N) sorgt dafür, dass der Wagen nicht abhebt. Sie wird als **Normalkraft** bezeichnet. In diesem Fall gilt die einfache Kraftbetragsaddition $F_E = F_1 + F_2$ nicht!

Überprüfe hier, ob das Wissen sitzt

1 Der Schüler Pfiffikus hat festgestellt, dass ein 50 N schweres Buch ins Rutschen kommt, wenn er das Regalbrett um 30° zur Seite neigt. Wie hoch ist der Betrag der *Hangabtriebskraft*, die das Buch zum Gleiten bringt?

2 Ergänze den Text.

Der Betrag der Hangabtriebskraft auf einer geneigten Ebene ist stets kleiner als die Gewichtskraft, weil die Diagonale in einem Rechteck

____________________ ist als jede ____________________.

3 a Bei welchem Steigungswinkel einer geneigten Fahrbahn sind die Beträge von Hangabtriebs- und Normalkraft gleich?

$\alpha =$ __________

b Wie groß sind in diesem Fall Hangabtriebs- und Normalkraft, wenn die Gewichtskraft $F_G = 1000$ N beträgt?

$F_N = F_H \approx$ __________ N

4 Warum ist bei der Kräfte*addition* die Konstruktion eines Parallelogramms eindeutig, die Umkehrung dagegen – die *Zerlegung* einer Kraft in zwei Komponenten – zunächst nicht eindeutig konstruierbar?

____

____

____

____

5 Bei der Kräftezerlegung in zwei Komponenten wird das Kräfteparallelogramm stets ein Rechteck. Welcher physikalische Grund steckt dahinter?

____

____

____

____

____

1 25 N

2 Der Betrag der Hangabtriebskraft auf einer geneigten Ebene ist stets kleiner als die Gewichtskraft, weil die Diagonale in einem Rechteck größer ist als jede Seite.

3 a 45°
b 707 N

4 Zu einem gegebenen Parallelogramm gibt es von einem Eckpunkt aus immer nur eine Diagonale. Zu gegebenen Seitenlängen eines Parallelogramms gibt es dagegen unendlich viele Parallelogramme mit verschiedenen Innenwinkeln und verschieden langen Diagonalen.

5 Die zwei Komponenten, deren Wirkungen gemeinsam die gleiche Wirkung hervorrufen wie die gegebene Kraft, dürfen sich gegenseitig nicht beeinflussen. Dies geschieht nur, wenn sie senkrecht (orthogonal) zueinander gerichtet sind. Das Parallelogramm wird deshalb dann zum Sonderfall Rechteck.

12

Die Dichte eines Stoffes

Es ist ein häufiger Fall in der Physik, dass zwei Größen voneinander abhängen. So ist die Gewichtskraft eines Körpers proportional zu seiner Masse. Wenn zwei Größen zueinander proportional sind, so ist der Quotient eines jeden Wertepaares gleich.
Konstante Quotienten haben in der Physik eine große Bedeutung und erhalten meist einen eigenen Namen.

Proportionalität

Misst man den Rauminhalt und die Masse von Gegenständen, so stellt man fest, dass bei Körpern, die aus einem einheitlichen Material bestehen (und auch keine Hohlräume im Innern haben), Masse und Rauminhalt zueinander proportional sind. Eine solche Stoffbeschaffenheit nennt man **homogen**. Führt man Versuche mit Körpern aus unterschiedlichen, homogenen Stoffen durch, so ist für jeden Stoff der Quotient $\frac{m}{V}$ gleich, jedoch für unterschiedliche Materialien verschieden. Der Quotient aus Masse und Volumen $\frac{m}{V}$ kann deshalb als *ein* Kennzeichen des Stoffes (unter weiteren) angesehen werden. Man bezeichnet ihn als **Dichte**; er erhält als Abkürzung den griechischen Buchstaben ϱ („Rho"). Die Dichte $\varrho = \frac{m}{V}$ kennzeichnet also nicht den jeweiligen Körper, sondern die Stoffart, aus der er besteht.

Die verwendeten Einheiten sind $\frac{\text{g}}{\text{cm}^3}$ oder $\frac{\text{kg}}{\text{dm}^3}$, ausnahmsweise bei Gasen auch $\frac{\text{g}}{\text{dm}^3}$.
Die Dichte von Wasser beträgt $\varrho = 1\frac{\text{g}}{\text{cm}^3} = 1\frac{\text{kg}}{\text{dm}^3} = 1\frac{\text{kg}}{\text{l}}$.

Überprüfe hier, ob das Wissen sitzt

1 Warum kann man aus der Dichte nicht eindeutig auf das Material eines Körpers schließen?

____

2 Ergänze die Tabelle.

Dichte ϱ	m	V
$2{,}45\,\frac{g}{cm^3}$	39,2 g	
	26 kg	$8\,dm^3$
$1{,}0\,\frac{kg}{dm^3}$		12 Liter

3 Ordne die folgenden Metalle nach zunehmender Dichte. Nummeriere in den Kästchen.

- ☐ Eisen
- ☐ Aluminium
- ☐ Zink
- ☐ Uran
- ☐ Kupfer
- ☐ Blei
- ☐ Magnesium
- ☐ Gold

1 Weil es unterschiedliche Materialien mit gleichem Wert der Dichte geben kann.

2

Dichte ϱ	m	V
$2{,}45\,\frac{g}{cm^3}$	39,2 g	$16\,cm^3$
$3{,}25\,\frac{kg}{dm^3}$	26 kg	$8\,dm^3$
$1{,}0\,\frac{kg}{dm^3}$	12 kg	12 Liter

3 Die richtige Reihenfolge lautet:

1 Magnesium 2 Aluminium
3 Zink 4 Eisen
5 Kupfer 6 Blei
7 Gold 8 Uran

Die Federkonstante D

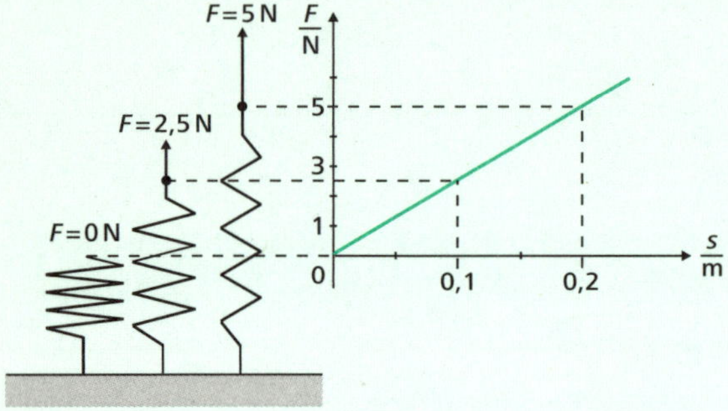

Bei vielen Federn findet man eine Proportionalität zwischen der Verlängerung s und der angreifenden Kraft: $s \sim F$. Sie wird nach ihrem Entdecker **Hooke'sches Gesetz** genannt.

Das *Hooke'sche Gesetz* ist jedoch kein allgemein gültiges *Naturgesetz!* Jede Feder lässt sich überdehnen und geht dann nicht mehr in ihre Ursprungslänge zurück. Bei *Hooke'schen Federn* ist der Quotient $\frac{F}{s}$ von zusammengehörenden Wertepaaren gleich. Verschiedene Federn unterscheiden sich jedoch durch den Wert dieses Quotienten. „Harte" Federn haben gegenüber weicheren Federn einen größeren Quotienten; man nennt ihn **Federkonstante *D*** oder Richtgröße.
Kennt man den *D*-Wert einer Feder, so kann man für jede Kraft innerhalb des Gültigkeitsbereichs der Hooke'schen Beziehung die Verlängerung $s = \frac{F}{D}$ oder die Kraft berechnen, die nötig ist, um eine bestimmte Verlängerung zu erzielen: $F = D \cdot s$.

Beispiel:

Eine Feder von $D = 25\,\frac{\text{N}}{\text{m}}$ wird durch eine Kraft $F = 5\,\text{N}$ um $s = \frac{5\,\text{N}}{25\,\frac{\text{N}}{\text{m}}} = 0{,}2\,\text{m}$ verlängert.

Um bei dieser Feder eine Verlängerung von $s = 50\,\text{cm}$ zu erreichen, wird eine Kraft $F = 25\,\frac{\text{N}}{\text{m}} \cdot 0{,}50\,\text{m} = 12{,}5\,\text{N}$ benötigt.

Überprüfe hier, ob das Wissen sitzt

1 Formuliere das Hooke'sche Gesetz in Worten.

____

____

2 Worin unterscheidet sich das Hooke'sche Gesetz für Federn von vielen anderen Gesetzmäßigkeiten der Physik?

____

____

____

3 Vervollständige:

Je größer der *D*-Wert einer Feder, desto ____________________

1 Die Verlängerung einer Feder ist proportional zur angreifenden Kraft (oder umgekehrt).

2 Das Hooke'sche Gesetz ist nicht unbeschränkt gültig, da Federn überdehnt werden können (es ist kein Naturgesetz).

3 Je größer der *D*-Wert einer Feder, desto „härter" ist eine Feder.

14

Ein Kraftverstärker: der Hebel

Da die menschliche Muskelkraft sehr begrenzt ist, haben sich unsere Vorfahren schon früh sinnreiche Geräte ausgedacht, die ihre Kräfte verstärkten. Derartige Geräte kann man als Werkzeuge oder als *einfache Maschinen* bezeichnen.

Wenn wir eine Zange, eine Pinzette oder einen Nussknacker benutzen, gebrauchen wir Werkzeuge, die unsere Kräfte mehrfach vergrößern: Sie beruhen auf dem **Hebelprinzip**.

Alle Hebel besitzen eine Drehachse. Je nach Lage der Drehachse unterscheidet man *einseitige Hebel* (wie Pinzetten, Brechstangen, Schraubenschlüssel) und *zweiseitige Hebel* (wie Zangen, Scheren).

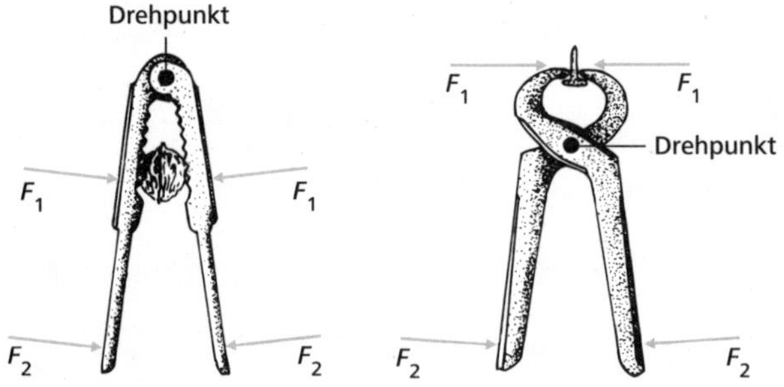

Allen Anwendungen von Hebeln ist gemeinsam, dass zwei Kräfte einwirken und ein Gleichgewichtszustand erreicht wird, obwohl die Beträge der beiden Kräfte in der Regel sehr unterschiedlich groß sind.

Entscheidend für die Stärke der Einwirkung ist – neben den Beträgen der Kräfte – der sogenannte **Hebelarm**. Als Hebelarm bezeichnet man den jeweiligen Abstand a der Wirkungslinie der Kraft zur Drehachse.

Der Hebelarm ist also eine konstruierte Strecke, die oft nicht mit dem wirklichen Arm eines Hebels übereinstimmt. Er wird manchmal auch als *Kraftarm* bezeichnet. Beachte, dass der so definierte Hebelarm stets orthogonal zur Wirkungslinie der Kraft ist.

Drehmoment

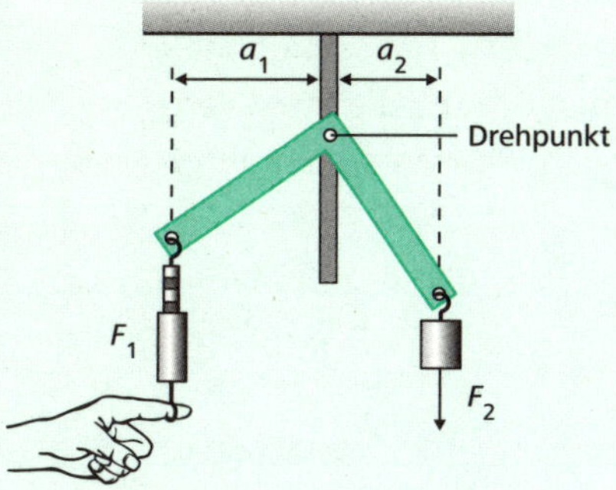

Mit diesen Hebelarmen findet man für den Gleichgewichtszustand an einem Hebel das **Hebelgesetz**:

$F_1 \cdot a_1 = F_2 \cdot a_2$

Das Produkt von Kraftbetrag und zugehörigem Hebelarm gibt die Drehwirkung einer Kraft an, sie wird als *Drehmoment* bezeichnet; der Pfeil über dem $\overset{\curvearrowright}{M}$ kennzeichnet den Drehsinn:

$\overset{\curvearrowright}{M} = F \cdot a.$

Die Einheit des Drehmoments ist 1 Nm (Newtonmeter). Mit dieser Abkürzung wird das Hebelgesetz vereinfacht:

$\overset{\curvearrowright}{M}_1 - \overset{\curvearrowright}{M}_2$

An einem Hebel herrscht (Drehmoment-)Gleichgewicht, wenn das linksdrehende Drehmoment gleich dem rechtsdrehenden Drehmoment ist.

An vielen Maschinen, wie Kränen und Baggern, sind Hebel die entscheidenden Konstruktionstelle, aber auch bei Rädern (Tretkurbel am Fahrrad) und Getrieben sind „versteckte" Hebel im Einsatz.

Aus der Drehmomentgleichheit $\overset{\curvearrowright}{M}_1 = \overset{\curvearrowright}{M}_2$ folgt, dass sich bei verschieden großen Hebelarmen $a_1 \neq a_2$ die Beträge von Kräften verändern; Techniker sprechen von Kraftwandlern.

Überprüfe hier, ob das Wissen sitzt

1 Gib jeweils zwei Beispiele an.

Für einseitige Hebel:

____

____

Für zweiseitige Hebel:

____

2 Erkläre mithilfe des „Hebelprinzips", warum man mit einer Beißzange Drähte durchzwicken kann.

____

____

3 Viele Wippschaukeln auf Kinderspielplätzen sind zweiseitige Hebel. Wo sollte sich ein Vater von 75 kg Masse hinsetzen, wenn er mit seinem Kind von 25 kg Masse schaukeln will?

____

____

____

4 Berechne die fehlenden Größen, sodass ein Hebel im Drehmoment-Gleichgewicht ist:

a_1	F_1	a_2	F_2
25 cm	____ N	0,5 m	20 N
3,5 cm	50 N	____ m	7,0 N
80 cm	100 N	0,40 m	____ N

5 Heutige Fahrräder besitzen mit Kettenrad und Hinterradritzel zwei gekoppelte Kräftewandler, mit denen die Kräfteverhältnisse durch eine Gangschaltung den Gegebenheiten angepasst werden können. Mit welcher Kraft greifen die Zähne des Kettenrads an einer Kette an, wenn du mit 500 N auf die Pedale trittst? Die Pedale haben einen Drehradius von 20 cm, das Kettenrad 8 cm Radius.

1 Einseitige Hebel: Pinzette, Brechstange, Schraubenschlüssel
Zweiseitige Hebel: Zange, Schere

2 Weil sich bei Zangen die Kräfte im umgekehrten Verhältnis zur Länge der Hebelarme vergrößern.

3 In einem dreimal kleineren Abstand zum Drehpunkt als sein Kind.

4

a_1	F_1	a_2	F_2
25 cm	40 N	0,5 m	20 N
3,5 cm	50 N	0,25 m	7,0 N
80 cm	100 N	0,40 m	200 N

5 $F = 500\,\text{N} \cdot \frac{20\,\text{cm}}{8\,\text{cm}} = 1250\,\text{N}$

15

Arbeit und Arbeitsdiagramm

Arbeit (im physikalischen Sinn) wird verrichtet, wenn auf einen Körper längs seines Weges eine Kraft in Wegrichtung wirkt. Ist diese Voraussetzung gegeben und ist der Betrag der Kraft in Wegrichtung F_s auf dem ganzen Weg s konstant, so beträgt die Arbeit: $W = F_s \cdot s$.

Die Arbeit wird in Nm (Newtonmeter) gemessen. Die Einheit der Arbeit nennt man auch 1 J (1 Joule, ausgesprochen: dschu:l): 1 Nm = 1 J.

Nicht in allen Fällen sehen Physiker Tätigkeiten, die uns ins Schwitzen bringen, als Arbeit an! Geistesarbeit wie z. B. die Erledigung der Hausaufgaben oder nur das Halten der schweren Schulmappe in der Hand, ohne sie weiter zu bewegen, erfordern keine physikalische Arbeit.

Spezielle Arbeiten

Beim Hochheben wird **Hubarbeit** verrichtet. Da die erforderliche Kraft in diesem Fall den gleichen Betrag hat wie die Gewichtskraft (wir wollen die Körper dabei nicht noch zusätzlich beschleunigen), wird die Definitionsgleichung für die Arbeit häufig in einer angepassten Form benutzt:
$W = F_s \cdot s = F_G \cdot h = m \cdot g \cdot h$.
(h statt s, da der Weg in die Höhe geht – die Gewichtskraft ist ersetzt durch das Produkt von Masse und Ortsfaktor.)
Beispiel:

> Wenn ein Schüler mit einer Körpermasse von $m = 45\,\text{kg}$ morgens in das $h = 8\,\text{m}$ höher gelegene Klassenzimmer geht, wird dabei die Hubarbeit $W = 45\,\text{kg} \cdot 9{,}81\,\frac{\text{N}}{\text{kg}} \cdot 8\,\text{m} = 3\,532\,\text{J}$ verrichtet. Dabei spielt der eigentliche Weg keine Rolle! Die Hubarbeit ist stets gleich, ob er eine Treppe hochsteigt, an einem Tau hochklettert oder ob er einen Fahrstuhl benutzt.

Werden elastische Körper gedehnt, so spricht man von **Spannarbeit**. Die Berechnung der Spannarbeit kann einem Arbeitsdiagramm entnommen werden.
Wenn eine Kraft den Geschwindigkeitsbetrag eines Körpers vergrößert, wird **Beschleunigungsarbeit** verrichtet. Sie ist eine weitere Arbeitsform. Die erforderliche Arbeit wächst dabei mit dem Quadrat der Geschwindigkeit an.
Bei Bewegungen mit Reibung wird **Reibungsarbeit** verrichtet.
Beim Verformen von Körpern (durch Kraft) wird **Verformungsarbeit** verrichtet. Sie ist in der Regel nicht berechenbar.
Wenn eine Kraft senkrecht (orthogonal) zur Wegrichtung wirkt, wird keine Arbeit verrichtet. So wirkt die Anziehungskraft der Erde auf unseren Mond stets rechtwinklig (orthogonal) zu seiner Bewegungsrichtung; es wird jedoch keine Arbeit verrichtet und deshalb kann der Mond dadurch auch nicht den *Betrag* seiner Geschwindigkeit erhöhen.

Das Arbeitsdiagramm

In einem *s*-*F*-Schaubild ist die schraffierte Fläche ein Maß für die Arbeit, jeder cm^2 der schraffierten Fläche bedeutet eine bestimmte Anzahl an Joule. Dies gilt ganz allgemein. Damit können auch Arbeiten berechnet werden, bei denen die Kraft nicht konstant ist. Dazu muss der Achsenmaßstab beachtet werden. Im gezeichneten Beispiel beträgt die Arbeit
$W = 4\,N \cdot 10\,m + \frac{1}{2} \cdot 10\,N \cdot 8\,m = 40\,J + 40\,J = 80\,J.$
Jeder cm^2 bedeutet eine Arbeit von $2\,N \cdot 1\,m = 2\,J$.

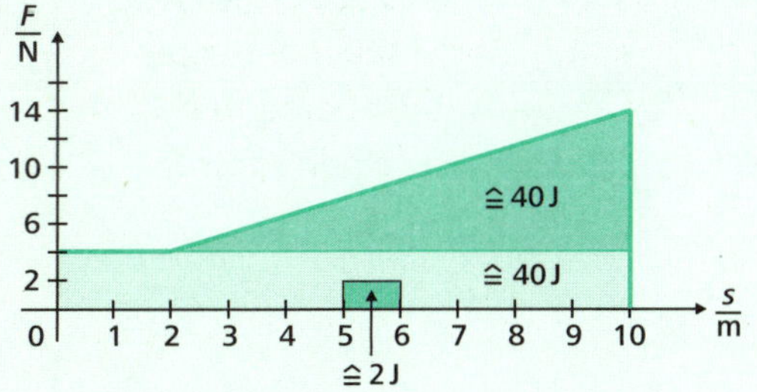

Überprüfe hier, ob das Wissen sitzt

1 Definiere Arbeit im physikalischen Sinne.

____

____

2 a Wie lautet die Einheit der Arbeit?

____

b Was beschreibt die Formel $W = F_s \cdot s$?

____

____

____

3 Wie viel Arbeit wird verrichtet, wenn ein Körper mit 500 N Kraft 300 cm weit transportiert wird? Berechne.

4 In welche Höhe kann ein Kran durch 50 000 J Arbeit (= 50 kJ Energie) eine Palette mit 500 Dachziegeln der Gesamtmasse 750 kg transportieren?
Aus $W = F_s \cdot s = mgh = 50\,000\,\text{J}$ folgt $h = \ldots$

5 Nenne mindestens drei Bezeichnungen für spezielle Arbeiten und beschreibe kurz, welche Arbeit verrichtet wird.

1 Arbeit wird verrichtet, wenn auf einen Körper längs seines Wegs eine Kraft in Wegrichtung wirkt.

2 a Nm (Newtonmeter) oder J (Joule)

b Die Arbeit, die verrichtet wird, wenn der Betrag der Kraft in Wegrichtung F_s auf dem ganzen Weg konstant bleibt.

3 1500 J

4 $\frac{50\,kJ}{750\,kg \cdot 9{,}81\,\frac{N}{kg}} = \frac{50\,000\,Nm}{765{,}5\,N} = 65{,}3\,m$

5 Hubarbeit: Eine Masse wird hochgehoben bzw. hochbewegt.

Spannarbeit: Elastische Körper werden gedehnt.

Verformungsarbeit: Körper werden durch Kraft verformt.

Beschleunigungsarbeit: Der Geschwindigkeitsbetrag eines Körpers wird vergrößert.

Reibungsarbeit: Bei der Bewegung eines Körpers entsteht Reibung.

Einfache Maschinen erleichtern die Arbeit

Heute besitzen fast alle Fahrräder eine Gangschaltung. Im Berggang geht es leichter, man kann mit kleinerem Krafteinsatz fahren, dafür muss sich die Tretkurbel öfter drehen; der Weg, den die Füße mit den Pedalen zurücklegen, wird dadurch größer. Im Schnellgang wäre dieser Weg kleiner, jedoch müsste man beim Treten eine wesentlich größere Kraft aufbringen. In beiden Fällen ist die verrichtete Arbeit $W = F_s \cdot s$ gleich. Man findet diesen sich wechselseitig bedingenden Zusammenhang von Kraft und Wegstrecke bei allen Werkzeugen oder einfachen Maschinen und drückt ihn in der **Goldenen Regel der Mechanik** aus: Wenn man durch eine Vorrichtung Kraft spart, muss man eine größere Wegstrecke zurücklegen und umgekehrt. Das Produkt aus Kraft(betrag) und Weg(strecke) ist immer gleich, das heißt auch: Es gibt keine Maschine, mit der man die Arbeit verringern kann. Maschinen *erleichtern* uns jedoch häufig die Arbeit, weil wir mit einem geringeren Kraftaufwand etwas bewirken können.
Seile und Stangen werden eingesetzt, wenn man den Angriffspunkt einer Kraft verändern will (ohne den Betrag der Kraft zu ändern).
Mit einem Seil, das über eine **feste Rolle** läuft, kann man den Angriffspunkt und zugleich die Richtung einer Kraft verändern. (Der Betrag der Kraft bleibt gleich.)
Eine Transportvorrichtung mit einer **losen Rolle** hat die gleichen Vorzüge wie eine feste Rolle, halbiert jedoch die benötigte Zugkraft. Die Gewichtskraft der Last teilt sich jetzt auf zwei Seilstücke gleichmäßig auf.
Kombiniert man mehrere lose und feste Rollen, kann man den Kraftaufwand noch weiter verringern. Es gibt **Flaschenzüge** mit unterschiedlich vielen Rollen und unterschiedlich vielen Seilstücken dazwischen.
Wird die Gewichtskraft F_G gleichmäßig auf n Seilstücke verteilt, so kann man (theoretisch) mit einem Kraftbetrag vom n-ten Teil der Gewichtskraft die Last emporziehen. Man muss dabei jedoch die losen Rollen mit nach oben befördern.
Um eine Last die Streckenlänge h anzuheben, muss man dann das Seilende $s = n \cdot h$ weit ziehen, die Arbeit bleibt stets gleich.

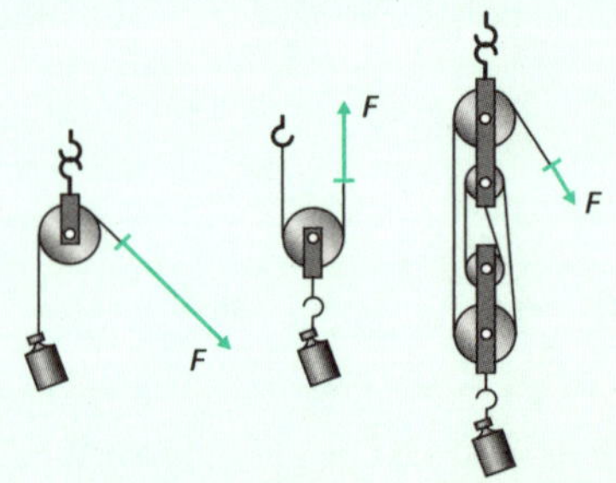

Überprüfe hier, ob das Wissen sitzt

1 Welche Möglichkeit eröffnet der Einsatz einer „festen Rolle“ (siehe Abbildung Seite 50 links)?

____

____

2 Welche (zusätzliche) Möglichkeit bieten Anordnungen mit festen Rollen (siehe Abbildung Seite 50 Mitte und rechts)?

____

____

3 Wie groß ist bei den drei gezeichneten einfachen Maschinen die Zugkraft *F*, wenn das angehängte Wägestück 100 N Gewichtskraft erfährt?

links: ____________ Mitte: ____________ rechts: ____________

1 Man kann den Angriffspunkt oder die Richtung einer Kraft leicht verändern.

2 Damit kann man auch den Betrag der (arbeitenden) Kraft verändern.

3 von links nach rechts: 100 N; 50 N; 25 N

17

Wenn das Arbeitstempo entscheidend ist: Leistung

Bei jedem größeren Bau wird heute ein Kran eingesetzt. Er hebt sehr schwere Lasten empor, aber er leistet noch mehr. Er verrichtet die gleiche Arbeit in kürzerer Zeit, als dies ein Arbeiter könnte. Das „Arbeitstempo" des Krans ist größer. In der Physik wird ein „Arbeitstempo" als **Leistung** bezeichnet. Sie ist definiert als Quotient aus Arbeit W und Zeit t:

$$P = \frac{W}{t}.$$

(Der Quotient $\frac{W}{t}$ gibt die durchschnittliche Leistung an, wenn während der Zeit t nicht gleichmäßig gearbeitet wird.)
Aus dieser Definition ergibt sich die Einheit:

$$1\,\frac{\text{Nm}}{\text{s}} = 1\,\frac{\text{J}}{\text{s}}.$$

Die Leistung von 1 Joule je Sekunde wird auch als 1 Watt bezeichnet:

$$1\,\frac{\text{J}}{\text{s}} = 1\,\text{W}.$$

Beachte dies: 1 kWh (Kilowattstunde) = 1 kW · 1 h = 1000 W · 3 600 s = 3,6 MJ (Megajoule) ist eine Einheit der *Energie*! Elektrische Energie wird meist in kWh gemessen, die *Leistung* von Motoren meist in kW (Kilowatt).

Beispiel:

Wenn im Prospekt für einen Mittelklasse-PKW die Leistung mit $P = 60\,\text{kW}$ angeführt ist, dann kann der Motor bei Vollgas in jeder Sekunde eine Arbeit $W = P \cdot t = 60\,000\,\text{J}$ verrichten. Bei einer Masse von $m = 1200\,\text{kg}$ (Gewichtskraft $F_G = m \cdot g \approx 12\,\text{kN}$) wäre das Auto (theoretisch) in der Lage, eine Passhöhe von $h = 120\,\text{m}$ in der Zeit $t = \frac{F_G \cdot h}{P} = 24\,\text{s}$ zu erklimmen.

Wenn man von Leistung spricht, spielt meist die Geschwindigkeit eine Rolle; eine Umwandlung der Definitionsgleichung zeigt den direkten Zusammenhang deutlicher:

$$P = \frac{W}{t} = \frac{F \cdot s}{t} = F \cdot \frac{s}{t} = F \cdot v.$$

Überprüfe hier, ob das Wissen sitzt

1 Fülle die Lücken der folgenden Tabelle aus:

Leistung *P*	Arbeit *W*; Energie *W*	Zeit(dauer) *t*
___ J/s	1000 J	50 s
500 W	___ Nm	4 s
1200 W	360 kJ	___ min
2000 W	___ kWh	3 h
1000 W	2 kWh	___ min

2 Bergsteiger planen nach folgender Faustregel ihre Touren: In einer Stunde können etwa 300 m Höhenunterschied erreicht werden. Berechne daraus die (mittlere) Leistung eines Kletterers von 75 kg Masse nach

$P = F \cdot v =$ ______________________________

3 Im Berufsleben gibt es verschiedene Entlohnungsarten: Monatsgehalt, Zeitlohn, Stücklohn, Akkordlohn usw. Bei welchem Lohnmodell wird am ehesten nach Leistung (im physikalischen Sinn) bezahlt? Begründe deine Wahl.

1

Leistung P	Arbeit W; Energie W	Zeit(dauer) t
20 J/s	1000 J	50 s
500 W	2000 Nm	4 s
1200 W	360 kJ	5 min
2000 W	6000 kWh	3 h
1000 W	2 kWh	30 min

2 $mg \cdot \frac{h}{t} = 75\,\text{kg} \cdot 10\,\frac{\text{N}}{\text{kg}} \cdot \frac{300\,\text{m}}{3600\,\text{s}} = 62{,}5\,\text{W}$

3 Beim Akkordlohn muss eine gewisse Arbeit in einer bestimmten Zeit verrichtet sein. Wird in einer vorgegebenen Zeit zu wenig gearbeitet, gibt es Lohnabzug; wird die vorgesehene Arbeit in kürzerer Zeit verrichtet, kann es einen Zuschlag geben.

18

Mechanische Energie wird übertragen

Kein Motor arbeitet ohne Treibstoff, aber auch die „Maschine Mensch" benötigt beim Sport oder bei schwerer Arbeit mehr Nahrung. In Treibstoffen und Nahrungsmitteln ist Energie enthalten (die allerdings erst bei einer Verbrennung mit dem Sauerstoff der Luft verwertbar wird). Zu jeder Arbeit ist **Energie** nötig.

Die Energie ist eine Größe, die man weder sehen noch fühlen kann, die jedoch in verschiedenen Formen auftritt:

- in Form von chemischer Energie in Benzin, Öl, Erdgas, Kohle, in unseren Nahrungsmitteln,
- in Form von innerer Energie in jedem Körper,
- in Form von elektrischer Energie oder Strahlungsenergie (Licht),
- in Form von mechanischer Energie als Bewegungsenergie, Lageenergie oder Spannenergie,
- als Kernenergie bei der Spaltung von Atomkernen.

Diese Energieformen kann man ineinander umwandeln. Man kann Energie speichern, sie transportieren; man kann Energie kaufen, mit ihr handeln und sie verschwenden.
Fließendes Wasser und bewegte Luftmassen (Wind) besitzen **Bewegungsenergie (kinetische Energie)**, mit der man Turbinen oder Windräder antreiben und Arbeit verrichten lassen kann. Pumpt ein Windrad Wasser aus einem Brunnen, so wird Hubarbeit verrichtet. Wird das hochgepumpte Wasser in einem „Hochbehälter" aufgefangen, kann es seinerseits wieder Arbeit verrichten, wenn man es auf eine tiefer liegende Turbine fließen lässt. Im Hochbehälter kann man das Wasser speichern.
Damit speichert man auch das „Arbeitsvermögen" des Wassers; man spricht von **Lageenergie**, **Höhenenergie** oder **potentieller Energie**. Da bei jeder Arbeit Energie von einem Körper auf einen anderen Körper übertragen wird, werden Energie und Arbeit in derselben Einheit gemessen: $1\,\text{Nm} = 1\,\text{J}$.

Beispiel:

Verrichtet ein Kran, beladen mit Dachziegeln, 6 000 J Hubarbeit, so gibt ein Körper 6 000 J ab – in diesem Fall ein Brennstoff (eventuell durch Verbrennung in einem Kraftwerk, falls der Kran mit einem Elektromotor angetrieben wird). Ein anderer Körper nimmt 6 000 J Energie auf. In diesem Fall haben die auf dem Dach angekommenen Ziegel nun 6 000 J Höhenenergie, die sie – z. B. beim Herunterfallen – wieder freisetzen könnten. Bei dieser Hubarbeit werden also 6 kJ Energie übertragen.

Energieumwandlung

Arbeitsvorgänge in der Mechanik sind immer mit einer Bewegung verbunden und bei Bewegungen lässt sich Reibung niemals vollständig vermeiden. Daher tritt bei jeder Arbeit auch Reibungsarbeit auf. Dies führt zu einer meist unerwünschten Erwärmung der Gleitflächen oder der Radlager. Ein Teil der Energie wird dabei in innere Energie verwandelt, die sich dann in der umgebenden Luft verteilt. Sie ist für die (eigentlich erwünschte) Nutzarbeit verloren. – Aus diesem Grund kann es keine Maschine geben, die ohne Energiezufuhr ständig weiterläuft; die Konstruktion einer solchen Maschine, auch als **Perpetuum mobile** bezeichnet, ist unmöglich.
Bei jeder Energieumwandlung geht ein Teil als thermische Energie (Wärme) an die Umgebung über. Unsere *Kraftwerke* sind großtechnische Energiewandler, die z. B. aus chemisch gebundener Energie (Kohle, Erdöl, Erdgas, Kernenergie) über den „Umweg“ Heißdampf letztlich elektrische Energie produzieren. Sieht man das Endprodukt „Strom“ als Nutzenergie an, so sind dies bestenfalls noch 30 % der anfänglich eingesetzten Primärenergie – oder anders ausgedrückt: 70 % gehen auf dem Weg der Umwandlungskette als Abwärme über die Kühlanlagen an die umgebende Luft oder an vorbeifließende Gewässer.
Physikalisch gesehen bleibt zwar die Summe aller Energien mengenmäßig gleich, doch ist die im Kühlmittel abgeführte Energie nicht mehr zu gebrauchen, sie hat keinen Wert mehr für uns: Man spricht deshalb von einer **Energieentwertung**. Energieentwertungen lassen sich bei Umwandlungen *prinzipiell* nicht vollständig vermeiden, man kann jedoch versuchen, sie zu vermindern. Um den Prozess der ständigen Energieentwertung wenigstens zu verlangsamen, sollten wir mit Energie sparsam umgehen.

Überprüfe hier, ob das Wissen sitzt

1 In einem Kraftwerk zur Erzeugung von elektrischem Strom finden viele Energie-Umwandlungsprozesse statt. Trage im folgenden Energieflussschema die zutreffenden Energie-Bezeichnungen ein:

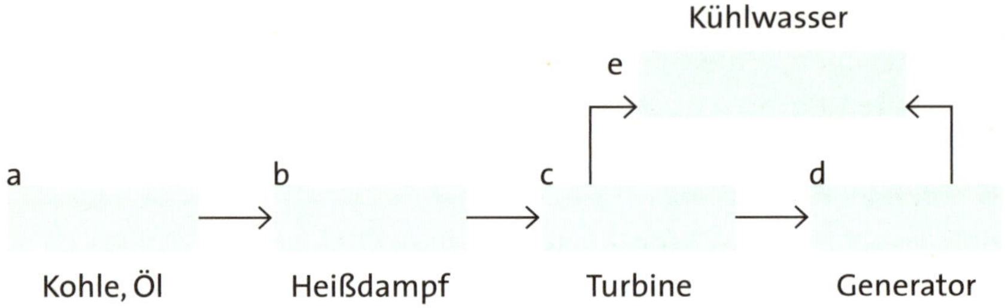

2 Was versteht man unter einem „Perpetuum mobile“ und warum kann es keines geben?

____

____

____

3 Warum bleibt bei allen Arbeitsvorgängen mechanische Energie als solche nicht erhalten?

____

____

____

4 Warum sollen wir trotz allgemeinen Energieerhaltungssatzes mit Energie sparsam umgehen?

____

____

____

5 In einem Liter Dieselkraftstoff „stecken“ etwa 35 MJ chemisch gebundene Energie.

a Wie groß ist demnach die Energiedichte von Diesel (in kWh je Liter)?

b Eine mit Dieselmotor betriebene Wasserpumpe hat einen Wirkungsgrad von etwa 40 %. Wie viele m^3 Wasser kann man mit einem Liter Diesel-Treibstoff für die Pumpe in ein 10 m höher gelegenes Bassin pumpen?

1 a chemische Energie
b thermische Energie
c kinetische Energie
d elektrische Energie
e Abwärme

2 Ein Perpetuum mobile ist eine Maschine, die ohne weiteren Antrieb ständig in Bewegung ist – und möglichst auch noch Nutzarbeit verrichtet. Dies ist aber ohne ständige Energiezufuhr nicht möglich.

3 Bei allen mechanischen Arbeiten wird aufgrund von Reibungsvorgängen Energie auch in Form von Wärme an die Umgebung abgegeben und damit in thermische Energie verwandelt.

4 Energieumwandlungen verlaufen – ohne äußeren Zwang – stets so, dass am letzten Ende der Kette die Energien für uns weniger Nutzen haben. Wir entwerten damit die anfängliche Energie.

5 a $W = 35\,\text{MJ} = 35 \cdot 10^6\,\text{J} = 9{,}8\,\text{kWh}$ (jeweils pro Liter)

b Aus $W = 35\,\text{MJ} \cdot 40\,\% = 14\,\text{MJ} = m\,g\,h$ folgt

$m = \frac{14 \cdot 10^6\,\text{J}}{9{,}81\,\frac{\text{N}}{\text{kg}} \cdot 10\,\text{m}} \approx 242\,712\,\text{kg}$. Das sind ungefähr $243\,\text{m}^3$ Wasser.

Der Stempeldruck

Wenn man eine Flüssigkeit vollständig in ein Gefäß einschließt (z. B. in einen Kolbenprober) und versucht, mit einer Kraft auf den Kolben das Volumen der Flüssigkeit zu verringern, dann gerät die Flüssigkeit in einen „Spannungszustand“, den man **Druck** nennt.

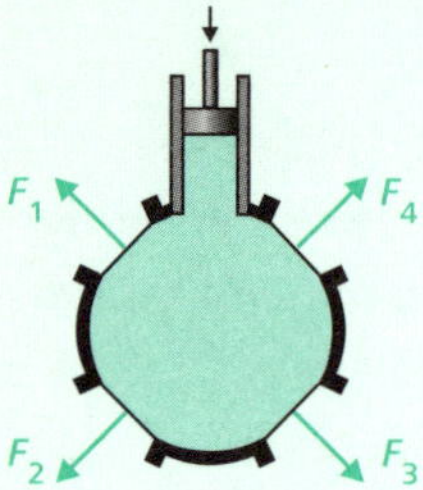

Ob eine Flüssigkeit unter Druck steht, kann man *nur* daran erkennen, dass sie auf jede begrenzende Fläche zu einem anderen Körper eine Kraft ausübt. Diese Kraft auf eine Begrenzungsfläche ist immer senkrecht (orthogonal) zu der Fläche. Verbindet man einige Kolbenprober mit unterschiedlich großen Querschnittsflächen A miteinander und legt man Wägestücke auf, so erreicht man ein Kräftegleichgewicht an jedem Kolben, wenn der Quotient aus der Kraft F, die auf die Flüssigkeit ausgeübt wird, und der Fläche A des Kolbens für jeden Kolbenprober gleich ist:

$$\frac{F_1}{A_1} = \frac{F_2}{F_2} = \frac{F_3}{A_3}.$$

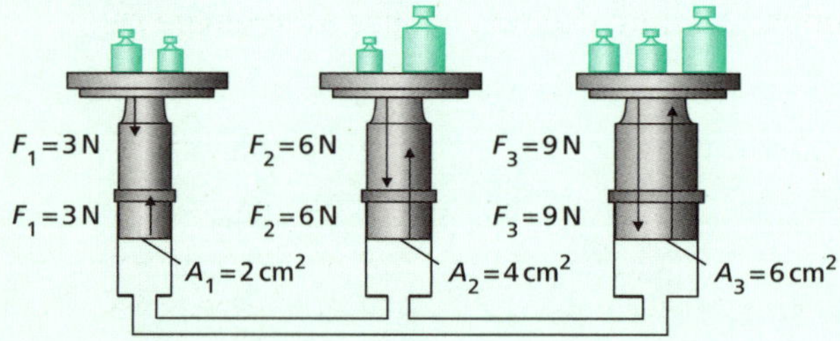

Man begründet dies dadurch, dass der *(Stempel-)Druck* in einer Flüssigkeit überall gleich groß ist. Als Maß für den Druck definiert man den Quotienten: $p = \frac{F}{A}$.
Die Einheit des Drucks ist 1 Pascal (1 Pa). Es ist $1\,Pa = 1\,\frac{N}{m^2}$.

In einer Flüssigkeit herrscht ein Druck von 1 Pa, wenn sie auf jede Grenzfläche von 1 m^2 Flächeninhalt eine Kraft von 1 N ausübt. Ein Druck von 1 Pa ist recht klein; Drücke werden deshalb oft in Hektopascal (hPa) oder in Bar (bar) angegeben. (Eine veraltete Druckeinheit ist die Atmosphäre (at):
1 at = 0,981 bar ≈ 1 bar.)

1 hPa (Hektopascal) = 100 Pa = $100 \frac{N}{m^2}$

1 bar = 100 000 Pa = 100 kPa

1 hPa = 1 mbar (Millibar)

Messgeräte für Druck werden als **Manometer** bezeichnet. Sie messen eigentlich die (Druck-)Kraft auf eine bestimmte Fläche.

Hydraulische Pressen und Heber

Hebebühnen in Autowerkstätten, aber auch einfache Wagenheber, arbeiten oft „hydraulisch".

Die Autos werden durch einen Kolben nach oben bewegt, in dem sich eine Flüssigkeit (meist Öl) unter Druck befindet. Die Kraft, die der Kolben ausüben kann, ist nach $F = p \cdot A$ der Kolbenfläche A sowie dem Druck p proportional, d. h., bei einem bestimmten Druck p kann durch die Wahl der Fläche A (fast) jede beliebig große Kraft erzeugt werden.

Beispiel:

> Hat der Kolben bei einem Wagenheber eine hundertmal größere Querschnittsfläche als die Fläche an der Handpumpe, so kann ich meine Kraft verhundertfachen. Um ein Auto der Gewichtskraft 15 000 N anzuheben, muss man also eine Kraft von nur 150 N aufbringen (allerdings dafür viele Pumpstöße durchführen, um das Auto einige Zentimeter anzuheben).

Bei vielen Maschinen (Kränen, Baggern, Blechpressen) werden nach diesem Prinzip außerordentlich große Kräfte erzeugt, ebenso bei der Fußbremse des Autos. Auch bei der „Servolenkung" wird die Kraft auf die Vorderräder zuvor durch einen hydraulischen Kraftverstärker vervielfacht.

Überprüfe hier, ob das Wissen sitzt

1 Woran erkennt man, ob eine Flüssigkeit „unter Druck" steht?

2 Welche gemeinsame Eigenschaft haben *Druck*kräfte?

3 In dieser Skizze sind einige Maßzahlen vor den Einheiten verlorengegangen. Füge sie wieder ein, sodass diese hydraulische Hebereinrichtung im Gleichgewicht ist.

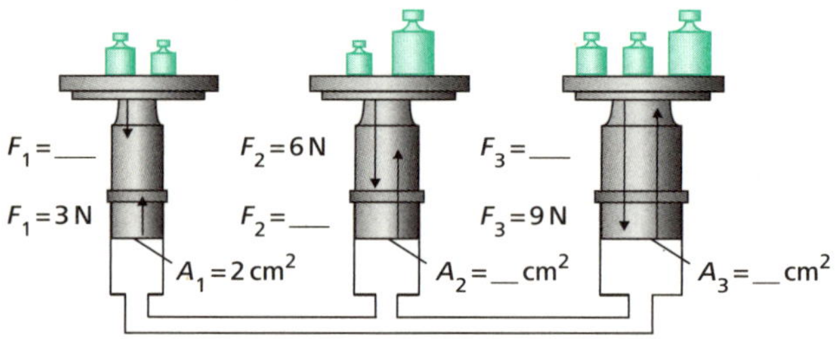

4 Wie groß ist die Kraft, mit der ein hydraulischer Wagenheber ein Fahrzeug anheben kann, wenn die Fläche des Hubkolbens 100 cm² und der Druck in der Flüssigkeit 20 bar betragen?

5 Baggerschaufeln werden heute hydraulisch betätigt. Ein spezieller Kompressor erzeugt hierzu Hydrauliköl von 250 bar Druck. Bei welcher Fläche des Kolbens in einem Arbeitszylinder werden damit Kräfte von 100 000 N erzielt?

6 Bei vielen Mostpressen wird das unter Druck stehende Leitungswasser zur Erzeugung der Presskraft genutzt. Wie groß ist die Kraft, mit der das Obst ausgepresst wird, wenn der Druck im Leitungswasser 6 bar und der zylindrische Kolben des Press-Stempels 32 cm Durchmesser besitzt?

1 Daran, dass sie auf die sie umgebenden Gefäßwände Kräfte ausübt.
2 Druckkräfte wirken stets senkrecht (orthogonal) auf ein Flächenstück der Begrenzung.
3 Vergleiche mit der Abbildung auf Seite 58.
4 $F = p \cdot A = 2\,000\,000 \frac{N}{m^2} \cdot 0{,}01\,m^2 = 20\,000\,N$
5 $A = \frac{F}{p} = \frac{10^5\,N}{\left(250 \cdot 10^5 \frac{N}{m^2}\right)} = \frac{1\,m^2}{250} = \frac{10^4\,cm^2}{250} = 40\,cm^2$
6 $F = p \cdot A = 6 \cdot 10^5 \frac{N}{m^2} \cdot \pi\,(0{,}16\,m)^2 \approx 48{,}3\,kN$

20

Der Schweredruck

Beim Tauchen kann man gelegentlich einen Druck auf den Ohren verspüren. Es sind dies Druckkräfte, die auf unser Trommelfell einwirken und Schmerzen verursachen können. Im Wasser (und in jeder anderen Flüssigkeit) steigt der Druck mit zunehmender Tiefe an. Dieser Druck wird nach seiner Herkunft als **Schweredruck** bezeichnet.

In einer bestimmten Wassertiefe *h* übt die Gewichtskraft der darüberliegenden Wasserschicht eine Kraft aus – wie beim Stempeldruck –, nur dass hier keine Trennfläche sichtbar ist. Der Schweredruck hängt deshalb von der Gewichtskraft der Wassersäule ab, die man sich über einem horizontalen Flächenstück *A* vorstellen muss:

$$p = \frac{F_G}{A} = m \cdot \frac{g}{A} = \varrho \cdot V \cdot \frac{g}{A} = \varrho \cdot A \cdot h \cdot \frac{g}{A} = \varrho \cdot g \cdot h.$$

Der Schweredruck *p* in einer Flüssigkeit ist proportional zur Tiefe *h*, denn der Ortsfaktor *g* und die Dichte ϱ sind praktisch konstant, sie hängen nicht von der Tiefe ab.
Der Schweredruck $p = \varrho \cdot g \cdot h$ hat in jeder Gefäßform in der Tiefe *h* den gleichen Wert.

In 10 m Wassertiefe herrscht ein Druck $p = 1\frac{\text{kg}}{\text{dm}^3} \cdot 9{,}81\frac{\text{N}}{\text{kg}} \cdot 100\,\text{dm} = 981\frac{\text{N}}{\text{dm}^2}$ $= 98100\frac{\text{N}}{\text{m}^2} \approx 100\,\text{kPa} = 1\,\text{bar}$, und zwar gleichermaßen im Springerbecken eines Freibads wie in einem großen See.

Im Meer ist in dieser Tiefe der Druck höher, aber nur weil das Salzwasser eine etwas größere Dichte hat als Süßwasser. In der Tiefe lebende Fische haben sich diesem Druck angepasst.

Überprüfe hier, ob das Wissen sitzt

1 Gib eine einfache Erklärung für den Schweredruck innerhalb einer Flüssigkeit.

____

____

2 Wie groß ist die Kraft auf dein Trommelfell (Fläche 0,5 cm^2) in folgenden Tauchtiefen?

a 4 m: F = ____________ b 10 m: F = ____________ c 30 m: F = ____________

3 Die früheren Barometer bestanden aus quecksilbergefüllten Glasröhren. Am unten offenen Ende der Röhre hielt der äußere Luftdruck dem Schweredruck der Quecksilbersäule das (Druck-)Gleichgewicht. Wie groß ist der Luftdruck, wenn bei sogenanntem *Normaldruck* eine 760 mm hohe Quecksilbersäule gehalten wird und die Dichte dieser Flüssigkeit 13,55 $\frac{g}{cm^3}$ beträgt? Gib diesen Druck sowohl in Pa als auch in mbar an.

1 In jeder Tiefe wirkt die über einem Flächenstück dort stehende Flüssigkeitssäule wie ein Stempel, der eine (Gewichts-)Kraft ausübt.

2 a 0,25 bar
b 1 bar
c 3 bar

3 $p = 13{,}55\,\frac{g}{cm^3} \cdot 9{,}81\,\frac{N}{kg} \cdot 760\,mm = 13{,}55\,\frac{kg}{dm^3} \cdot 9{,}81\,\frac{N}{kg} \cdot 7{,}6\,dm = 1010\,\frac{N}{dm^2}$
$= 101\,000\,\frac{N}{m^2} = 101\,kPa \approx 1\,bar = 1000\,mbar$

21

Körper in Flüssigkeiten erfahren einen Auftrieb

Eine Folge des Schweredrucks ist, dass Körper, die in eine Flüssigkeit eintauchen, eine **Auftriebskraft** erfahren.
Infolge des Schweredrucks wirken auf einen eingetauchten Körper Kräfte, die senkrecht (orthogonal) zu seinen Begrenzungsflächen sind. Da der Schweredruck mit der Tiefe zunimmt, wirkt auf die Unterseite des Körpers eine größere Kraft F_2 nach oben als die auf seiner Oberseite nach unten wirkende Kraft F_1. Die Resultierende der beiden Kräfte ergibt die vertikal nach oben gerichtete Auftriebskraft:
$F_A = F_2 - F_1 = p_2 \cdot A - p_1 \cdot A = A(p_2 - p_1)$.

Da der Schweredruck proportional zur Tiefe h zunimmt, ist
$F_A = \mathrm{A}(\varrho_{Fl} \cdot g \cdot h_2 - \varrho_{Fl} \cdot g \cdot h_1) = \varrho_{Fl} \cdot g \cdot A(h_2 - h_1)$.

Das Produkt $A(h_2 - h_1)$ ist aber das Volumen des Körpers oder – anders ausgedrückt – das Volumen, das der eingetauchte Körper in der Flüssigkeit „verdrängt".
Der gesamte Ausdruck $\varrho_{Fl} \cdot g \cdot A(h_2 - h_1)$ stellt damit die Gewichtskraft dieses Volumens dar und ist gleich der Auftriebskraft t:
$F_A = h_{Fl} \cdot g \cdot A(h_2 - h_1) = h_{Fl} \cdot g \cdot V_{Körper} = F_{G,Fl}$

Die Kräfte auf die Seitenflächen kompensieren sich gegenseitig und erzeugen daher keinen Auftrieb.

$$\begin{aligned} F_A &= F_2 - F_1 \\ &= p_2 \cdot A - p_1 \cdot A \\ &= A \cdot (p_2 - p_1) \\ &= \varrho_{Fl} \cdot g \cdot A \cdot (h_2 - h_1) \\ &= \varrho_{Fl} \cdot g \cdot V_{Körper} \\ &= F_{G,Fl} \end{aligned}$$

Man kann zeigen, dass – völlig unabhängig von seiner Gestalt – ein jeder Körper, der in eine Flüssigkeit eintaucht, eine Auftriebskraft erfährt, deren Betrag so groß ist wie die *Gewichtskraft des Flüssigkeitsvolumens,* das er verdrängt **(Satz des Archimedes)**.

Beispiel:

Ein völlig untergetauchter Körper von $V = 5\,\text{dm}^3$ Rauminhalt erfährt – unabhängig von seiner Form, unabhängig vom Material, aus dem er besteht, und unabhängig von der Wassertiefe und der Lage im Wasser – eine Auftriebskraft

$$F_A = F_{G,Fl} = m_{Fl} \cdot g = \varrho_{Fl} \cdot V_{Fl} \cdot g = 1\frac{\text{kg}}{\text{dm}^3} \cdot 5\,\text{dm}^3 \cdot 9{,}81\frac{\text{N}}{\text{kg}} = 49{,}1\,\text{N}.$$

Sinken, schweben, steigen, schwimmen

Ein Körper sinkt in einer Flüssigkeit vollständig unter, wenn die Gewichtskraft einen größeren Betrag hat als die Auftriebskraft. Für einen homogenen Körper ist dies der Fall, wenn die Dichte des Stoffes, aus dem er besteht, größer ist als die Dichte der Flüssigkeit:

$\varrho_K > \varrho_{Fl}$.

Ein Körper schwebt (bleibt in jeder Tiefe in Ruhe), wenn Auftriebskraft und Gewichtskraft ein Gleichgewichtskräftepaar sind. In diesem Fall müssen die Dichten gleiche Werte haben:

$\varrho_K = \varrho_{Fl}$.

Ein untergetauchter Körper steigt nach oben, wenn die Auftriebskraft die größere Kraft ist:

$F_A > F_G$, d. h., wenn seine Dichte kleiner ist als die Dichte der ihn umgebenden Flüssigkeit.

Körper, die in einer Flüssigkeit aufsteigen, schwimmen dann an der Oberfläche. Sie bleiben dabei mit einem Teil so weit eingetaucht, bis nach dem Satz von Archimedes ein Kräftegleichgewicht besteht, z. B. Eisberge zu etwa $\frac{6}{7}$ ihres Volumens.

21

Überprüfe hier, ob das Wissen sitzt

1 Erkläre, warum (feste) Körper, die in eine Flüssigkeit eintauchen, eine Auftriebskraft erfahren.

2 Senkt man einen Metallkörper, der an einem Faden angebunden ist, unter Wasser, wird er scheinbar leichter. Welches Volumen besitzt ein Metallklotz von 50 N Gewichtskraft, wenn dieser im untergetauchten Zustand nur noch mit 10 N am Faden zieht?

3 Zur einfachen Bestimmung der Dichte einer Flüssigkeit benützt man eine Senkwaage (Aräometer). Wie groß ist die Dichte einer Flüssigkeit, wenn eine Senkwaage von 0,1 N Gewichtskraft so weit eintaucht, dass $3\,\text{cm}^3$ von ihr untergetaucht sind?

$$\varrho = \frac{F_A}{(g \cdot V_K)} =$$

TESTEN · TESTEN · TESTEN · TESTEN · TESTEN · TESTEN · TESTEN

4 a Wann taucht ein Körper in einer Flüssigkeit vollständig unter?

b Wann schwebt er innerhalb der Flüssigkeit?

c Wann taucht er nur teilweise ein und wie tief?

1 Weil der Schweredruck der Flüssigkeit in der Tiefe ihrer Unterseite größer ist als derjenige auf ihrer Oberseite und deshalb eine Druckkraft „nach oben" resultiert.

2 $4\,dm^3$

3 $\frac{0{,}1\,N}{\left(9{,}81\,\frac{N}{kg}\cdot 3\,cm^3\right)} = \frac{0{,}1\,kg}{(29{,}43\,cm^3)} = \frac{100\,g}{29{,}43\,cm^3} \approx 3{,}4\,\frac{g}{cm^3}$

4 a Wenn seine Dichte größer ist als die der Flüssigkeit.

b Wenn seine Dichte gleich die der Flüssigkeit ist.

c Wenn seine Dichte kleiner ist. Er taucht so weit ein, bis die Auftriebskraft den gleichen Betrag besitzt wie seine Gewichtskraft.

Eingeschlossene Gase sind „unter Druck".

In gasförmigen Körpern sind zwischen den kleinen Bestandteilen große Zwischenräume. Selbst bei Zimmertemperatur haben die Moleküle oder Atome so große mittlere Geschwindigkeiten, dass das Gas jeden Raum und jede Gestalt annimmt, die sich ihm bieten. Es ist deshalb nicht verwunderlich, dass man bei eingesperrten Gasen schon mit kleinen Kräften das Volumen verändern kann; man sagt: Gase sind *kompressibel* (zusammendrückbar).

Eingeschlossene Gase üben (aufgrund der ständigen Bewegung der Gasteilchen) auf die Wände eines Gefäßes Kräfte aus; in ihnen herrscht deshalb stets ein Druck, vergleichbar dem Stempeldruck in Flüssigkeiten $p = \frac{F}{A}$.

Auch in einem eingeschlossenen Gas ist der Druck überall gleich groß. Im Gegensatz zu einer Flüssigkeit kann man jedoch bei einer eingeschlossenen Gasmenge durch eine Druckänderung das Volumen leicht vergrößern oder verkleinern.

Messungen haben gezeigt, dass dabei für den Druck p und das Volumen V ein konstantes Produkt gilt:

$p \cdot V = \text{konst.}$

Allerdings gilt dies nur so lange, wie sich die Temperatur des Gases nicht ändert. Dieses **Gesetz von Boyle und Mariotte** besagt also, dass Druck und Volumen zueinander *umgekehrt proportional* (antiproportional) sind.

Der Schweredruck der Luft

Die Erde ist von einer Lufthülle umgeben; wir leben am Grund eines „Luftmeeres". Wie bei einer Flüssigkeit besteht auch in der Atmosphäre ein Schweredruck. Er übt auf alle Körpergrenzen Kräfte aus. Wir spüren davon in der Regel wenig, weil sich unser Körper auf diese Kräfte eingestellt hat und die Flüssigkeiten in unserem Körpergewebe ebenfalls „unter Druck stehen".

Der Schweredruck – üblicherweise als **Luftdruck** bezeichnet – nimmt mit der Höhe h über dem Boden ab. Weil die Luft – wie alle Gase – kompressibel ist, hat ihre Dichte an der Erdoberfläche den größten Wert $\left(\text{etwa } 1{,}2\,\frac{\text{g}}{\text{dm}^3}\right)$. Da die Dichte mit zunehmender Höhe h abnimmt, verringert sich der Schwere-

druck in *nicht proportionaler Weise* mit h (nicht wie in einer Flüssigkeit proportional zu h!). Er ist zudem etwas von der Wetterlage (Hochdruck-, Tiefdrucklage) abhängig.
Der mittlere Luftdruck beträgt auf Meereshöhe $p = 1013\,\text{mbar} = 1013\,\text{hPa}$ (Hektopascal); er ist also etwa so groß wie der Schweredruck in 10 m Wassertiefe. Dieser Druck wird auch als **Normdruck** bezeichnet. In den von uns üblicherweise bewohnten Höhen nimmt der Luftdruck alle 8 m um 1 mbar ab. Das zur Messung des Schweredrucks der Luft verwendete Gerät nennt man **Barometer**.
Der Druck eingesperrter Gase wird mit einem *Manometer* gemessen. Häufig wird nicht der eigentliche Druck im eingesperrten Gas gemessen, sondern ein Überdruck oder ein Unterdruck. Man versteht darunter die Differenz des tatsächlichen Drucks im Gas zum Luftdruck.
Beispiel:

Wenn bei einem Autoreifen ein Druck von 1,8 bar gemessen wird, so beträgt der eigentliche Gasdruck im Reifen ca. 2,8 bar, denn zu den 1,8 bar ist noch rund 1 bar Luftdruck zu addieren. Da für die Form des Reifens der *Überdruck* entscheidend ist, ist die Messung eines Überdrucks sinnvoll.

Überprüfe hier, ob das Wissen sitzt

1 Ergänze folgende Texte.

a Gase sind – im Gegensatz zu festen oder flüssigen Körper – kompressibel, weil zwischen den Teilchen ______________________ ______________________ sind.

b Gasförmige Körper nehmen -– im Gegensatz zu festen oder flüssigen Körpern – jeden Raum ein, weil ihre Teilchen ______________________ ______________________ sind.

c Gase in geschlossenen Behältnissen stehen stets unter Druck, weil auf die Wandflächen des Gefäßes ______________________

____

2 Was passiert, wenn man den Rauminhalt eines gasgefüllten Gefäßes (bei konstanter Temperatur) auf ein Drittel verringert?

____

3 Ergänze den Satz.

Erhöht man den Druck in einem Autoreifen von 2 bar auf 3 bar, so nimmt (bei konstanter Temperatur) das Volumen um das ______-fache zu.

4 Warum ist der an der Erdoberfläche herrschende Luftdruck ein Schweredruck?

____

5 Der Luftdruck nimmt mit der Höhe über dem Erdboden in nichtproportionaler Weise ab. Warum?

---

6 Die Reifen von Rennrädern werden bis zu 8 bar Druck aufgepumpt. Die Kolben der üblichen Handpumpen für Fahrräder haben einen kreisförmigen Querschnitt von 2,5 cm Durchmesser. Welche Kraft müsste man mit diesen Pumpen aufbringen, um einen Rennradreifen zu füllen?

1 a Gase sind – im Gegensatz zu festen oder flüssigen Körpern – kompressibel, weil zwischen den Teilchen große Abstände sind.
b Gasförmige Körper nehmen – im Gegensatz zu festen oder flüssigen Körpern – jeden Raum ein, weil ihre Teilchen in ständiger Bewegung sind.
c Gase in geschlossenen Behältnissen stehen stets unter Druck, weil auf die Wandflächen des Gefäßes ständig Teilchen prasseln.

2 Der Druck im Gas steigt auf das Dreifache.

3 Erhöht man den Druck in einem Autoreifen von 2 bar auf 3 bar, so nimmt (bei konstanter Temperatur) das Volumen um das 1,5-fache zu.

4 Weil wir am Grunde eines Luftmeeres leben.

5 Weil Gase kompressibel sind und deshalb die Dichte der Luft mit zunehmender Höhe abnimmt.

6 $F = p \cdot (\pi r^2) = 8 \cdot 10^5 \frac{N}{m^2} \cdot \pi (1{,}25 \cdot 10^{-2} m)^2 = 393 N$

23

Die Temperaturmessung: Thermometer

Temperaturen werden mit *Thermometern* gemessen, die in allen europäischen Staaten mit einer **Celsiusskala** versehen sind; in den USA wird nach **Fahrenheit** gemessen.
Von den elektrischen Thermometern abgesehen, nutzen die meisten Thermometer eine physikalische Eigenschaft aller Körper aus: Mit zunehmender Temperatur vergrößern sie ihr Volumen. So bestanden schon die ersten Thermometer vor 300 Jahren aus einseitig verschlossenen Glasröhren, in die eine Flüssigkeit eingefüllt worden war. Bei einer Temperaturerhöhung dehnen sich die Flüssigkeiten aus (stärker als das Glasgefäß) und der Flüssigkeitsspiegel steigt. Die Länge der Flüssigkeitssäule markiert dann einen *Temperaturpunkt*.
Bei allen Temperaturskalen spielen zwei **Temperaturfixpunkte** eine wichtige Rolle. Man versteht darunter Temperaturwerte, die *von Natur aus* unveränderlich sind.

Celsiusskala

Nach Celsius sind dies die Schmelztemperatur von Eis (0 °C) und die Siedetemperatur von Wasser (100 °C). Den Abstand, den die Marken für diese beiden Temperaturen auf einer Thermometerskala haben, bezeichnet man als **Fundamentalabstand**. Bei einer Celsiusskala wird diese Streckenlänge in 100 gleiche Teile geteilt; 1 °C ist also der hundertste Teil des Fundamentalabstands. Diese Skala wird dann oberhalb des Siedepunkts von Wasser und unterhalb des Schmelzpunkts von Eis mit *gleicher* Schrittweite fortgeführt. Temperaturen unter 0 °C beschreibt man durch negative Zahlen.
Für die auf einer Celsiusskala gemessenen Temperaturen verwendet man als Formelzeichen den griechischen Buchstaben ϑ (Theta), also z.B. $\vartheta = 22\,°C$.

Fahrenheitskala

Die in den USA übliche Fahrenheitskala beruht auf zwei anderen Fixpunkten: den Temperaturen einer besonderen Kältemischung aus Eis und Salmiak (–32 °C) und unserer üblichen Körpertemperatur (37 °C). Auch bei ihr wird der Fundamentalabstand in 100 gleiche Teile unterteilt. Die Schmelztemperatur des Wassers beträgt dann 32 °F, unsere Körpertemperatur hat 100 °F und die Siedetemperatur des Wassers 212 °F.

Temperaturpunkte und Temperaturdifferenzen

Bei Temperaturangaben ist zu unterscheiden zwischen Temperatur*punkten* und Temperatur*differenzen* – ähnlich wie bei Zeitangaben: 8^{15} Uhr bezeichnet einen Zeitpunkt, 8 h 15 min beträgt eine Zeitspanne, eine Differenz zwischen zwei Zeitpunkten.

Temperaturdifferenzen werden meist in der Einheit **Kelvin** (abgekürzt: K) angegeben. Eine Temperaturdifferenz von 1 °C bezeichnet man als 1 K.

Beispiel:

Wenn sich im Klassenzimmer die Temperatur während des Morgens von ϑ = 18 °C auf ϑ = 22 °C erhöht, dann beträgt die Temperaturdifferenz zwischen den beiden Temperaturpunkten ϑ_1 und ϑ_2:

$\Delta\vartheta = \vartheta_2 - \vartheta_1 = 22\,°C - 18\,°C = 4\,°C = 4\,K$.

Flüssigkeitsthermometer enthalten heute meist eingefärbten Alkohol oder Quecksilber. Mit verschiedenen Flüssigkeiten lassen sich Temperaturen im Bereich von –200 °C bis 1000 °C messen.

Überprüfe hier, ob das Wissen sitzt

1 Welche Fixpunkte wählte Celsius bei der nach ihm benannten Skala?

2 1 °C ist der wievielste Teil des Fundamentalabstands bei dieser Skala?

3 Wie groß ist die Temperaturdifferenz in K, wenn das Thermometer von 12 °C auf 20 °C steigt?

$\Delta T =$

4 Einer der heißesten und trockensten Orte der Erde ist der Death-Valley-Nationalpark in der Mojave-Wüste Kaliforniens mit Temperaturen über 120 °F. Ist dort alles Wasser durch Sieden verdampft?

5 Warum ist es unsinnig, von einer Verdopplung der Temperatur zu sprechen, wenn man z. B. Wasser von $\delta_1 = 20\,°C$ auf $\delta_2 = 40\,°C$ erwärmt?

6 Celsius-Temperaturen können mit folgender Formel in Fahrenheit umgerechnet werden:

$$\vartheta\,(\text{in }°F) = \vartheta\,(\text{in }°C) \cdot \frac{9}{5} + 32.$$

Kannst du die Kehrfunktion selbst erstellen? Fülle die Lücken der Tabelle aus.

−10 °C	0 °C	°C	°C	100 °C	200 °C
°F	°F	50 °F	122 °F	°F	°F

1 0 °C = Schmelztemperatur von Eis, 100 °C = Siedetemperatur von Wasser
2 der hundertste Teil
3 8 K
4 Nein, diese Fahrenheitstemperatur entspricht etwa 49 °C. Diese Temperatur beschleunigt jedoch die Verdunstung, sodass es in diesem Tal kein Wasser gibt.
5 Bei jeder anderen Temperaturskala würden sich die Maßzahlen nicht verdoppeln. Die Temperatur ist keine mengenartige Größe, die man in sinnvoller Weise addieren oder multiplizieren kann.
6

−10 °C	0 °C	10 °C	50 °C	100 °C	200 °C
14 °F	32 °F	50 °F	122 °F	212 °F	392 °F

Temperaturänderung in Flüssigkeiten und festen Körpern

Steigert man die Temperatur eines Körpers, so führen seine kleinsten Teilchen heftigere Bewegungen aus. Als Folge davon wird der Platzbedarf etwas größer, der mittlere Abstand zum Nachbarmolekül wächst – das Volumen des Körpers nimmt zu. Da bei einer Temperaturänderung die Masse eines Körpers unverändert bleibt, nimmt normalerweise die Dichte aller Stoffe mit zunehmender Temperatur ab.

Temperaturänderung in Flüssigkeiten

Erhöht man die Temperatur einer Flüssigkeitsmenge, so nimmt das Volumen der Flüssigkeit pro Kelvin Temperaturerhöhung zwischen 0,3 ‰ (Wasser) und 1 ‰ (Benzin) zu. Deshalb sollte man im Sommer den Benzintank nicht randvoll füllen. Beim Abkühlen der Flüssigkeitsmenge verringert sich normalerweise das Volumen.

Als einzige Flüssigkeit zeigt Wasser zwei Besonderheiten, die man auch *Anomalien* nennt.

1. Anomalie des Wassers: Warmes Wasser verhält sich zunächst genauso wie jede andere Flüssigkeit: Mit dem Abkühlen verringert sich das Volumen und die Dichte steigt an. Bei 4 °C hat Wasser jedoch seine größte Dichte ($\varrho = 1{,}00\,\text{g/cm}^3$). Kühlt man weiter ab, so nimmt das Volumen wieder zu! 1 Liter Wasser von 4 °C ist somit schwerer als 1 Liter Wasser von 6 °C oder von 2 °C. Aus diesem Grund kann auf Wasser von 4 °C sowohl kälteres als auch wärmeres Wasser schwimmen. Diese Besonderheit zeigt nur Wasser. Sie hat in der Natur eine große Bedeutung. Wenn im Herbst und im Winter die Lufttemperaturen sinken, kühlt auch das Wasser an der Oberfläche von Seen ab. Ein See kann nur von der Oberfläche her zufrieren. Ist die Seetiefe genügend groß, können die Wassertiere am Grund bei 4 °C überleben.

2. Anomalie des Wassers: Diese Besonderheit ist die Ursache dafür, dass das Eis nicht auf den Grund des Gewässers sinkt. Beim Gefrieren verhält sich Wasser nämlich wiederum anders als andere Flüssigkeiten. Normalerweise wird das Volumen einer Flüssigkeit beim Erstarren kleiner. Wenn aber Wasser gefriert, so nimmt das Volumen sprunghaft zu: Aus 1 Liter Wasser werden 1,1 Liter Eis!

Auch diese zweite Anomalie des Wassers hat verschiedene Auswirkungen in der Natur. Auf einem zufrierenden See schwimmt das Eis an der Oberfläche. Es isoliert und schützt das darunterliegende Wasser vor raschem Vereisen. Das Wasser gefriert langsam von oben nach unten.

Diese Anomalien des Wassers haben entscheidend dazu beigetragen, dass auf der Erde Leben entstehen konnte.

Temperaturänderung bei festen Körpern

Auch bei festen Körpern vergrößert sich das Volumen, wenn sich die Temperatur erhöht. Meist ist jedoch nur die Ausdehnung in *einer* Richtung von Interesse. Die Länge von Stäben wächst:

- proportional zur Ausgangslänge l_0 vor der Temperaturerhöhung und
- proportional zur Temperaturdifferenz $\Delta\vartheta$, außerdem hängt sie vom Material ab.

Dieses Verhalten beschreibt man durch den **Ausdehnungskoeffizienten** für Längenänderungen. So gilt z.B. für Eisen $\alpha = \frac{0{,}012\,\text{mm}}{\text{K} \cdot \text{m}}$; d.h., ein 1 m langer Eisenstab vergrößert seine Länge bei einer Temperaturerhöhung von 1 K um 0,012 mm, bei 100 K um 1,2 mm. Die gleiche Verlängerung würde ein Eisenstab von 50 m Länge bei 2 K Temperaturzuwachs erfahren.
Eine Längen*änderung* bei einer beliebigen Temperaturdifferenz Δ kann nach $\Delta l = \alpha \cdot l_0 \cdot \Delta\vartheta$ berechnet werden. Der Ausdehnungskoeffizient α ist eine Materialkonstante, deren Wert man für verschiedene Stoffe in Tabellen nachschlagen kann.

Überprüfe hier, ob das Wissen sitzt

1 Ergänze den Text.

Erhöht man die Temperatur eines Körpers, so bewegen sich die kleinsten Teilchen (Atome, Moleküle) ____________________ und als Folge ____________________ das Volumen zu und die Dichte nimmt ____________________ .

2 Nenne die zwei Anomalien des Wassers.

Wasser hat seine größte Dichte bei ____________________ und beim Gefrieren nimmt das Volumen ____________________ .

3 Erkläre, wie wasserbewohnende Tiere in tiefen Seen ohne Gefahr des Erfrierens den Winter überleben können.

____

____

____

____

4 Ein Kupferwürfel $\left(\alpha = \frac{0{,}017\,\text{mm}}{(\text{K} \cdot \text{m})}\right)$, der bei 20 °C Kantenlängen von 50,0 mm besitzt, wird auf 220 °C erhitzt. Um wie viele mm^3 erhöht sich dadurch sein Volumen?

5 Der Längenausdehnungskoeffizient von Silber beträgt $\alpha = \frac{0{,}020\,\text{mm}}{(\text{K} \cdot \text{m})}$.

Um wie viele mm vergrößert sich der Durchmesser einer Silbermünze, wenn er bei Zimmertemperatur (ϑ_1 = 20 °C) 11 mm beträgt und die Münze auf ϑ_2 = 500 °C erhitzt wird?

1 Erhöht man die Temperatur eines Körpers, so bewegen sich die kleinsten Teilchen (Atome, Moleküle) heftiger (schneller) und als Folge nimmt das Volumen zu und die Dichte nimmt ab.

2 Wasser hat seine größte Dichte bei 4 °C und beim Gefrieren nimmt das Volumen sprunghaft zu.

3 Aufgrund der Dichteanomalie des Wassers sinken Wasserschichten von +4 °C nach unten.
Da Eis eine kleinere Dichte als Wasser besitzt, schwimmt es auf der Oberfläche eines Sees. Zugleich isoliert es aufgrund seiner schlechten Wärmeleitfähigkeit. Seen gefrieren daher langsam von oben nach unten zu. Bei ausreichender Wassertiefe bleibt am Grund eine eisfreie Wasserschicht von +4 °C bestehen.

4 $\Delta l = \frac{0{,}017\,\text{mm}}{(\text{K} \cdot \text{m})} \cdot 0{,}05\,\text{m} \cdot 200\,\text{K} = 0{,}17\,\text{mm} \rightarrow \Delta V = (50{,}17\,\text{mm})^3 - (50{,}0\,\text{mm})^3$
$= 126\,279\,\text{mm}^3 - 125\,000\,\text{mm}^3 = 1\,279\,\text{mm}^3 \approx 1{,}3\,\text{cm}^3$

5 $0{,}106\,\text{mm} \approx \frac{1}{10}\,\text{mm}$

25

Temperaturänderung in Gasen

Bei gleichem Ausgangsvolumen nimmt bei einer Erwärmung das Volumen von Gasen – im Vergleich mit dem von Flüssigkeiten und Festkörpern – am meisten zu. Untersucht man verschiedene Gase weit oberhalb ihres jeweiligen Verflüssigungspunktes, so findet man für alle Gasarten eine gleiche Volumenzunahme pro Kelvin Temperaturerhöhung. Genauer: Bei Erwärmung um 1 K dehnt sich jedes Gas um $\frac{1}{273}$ des Volumens aus, das es bei 0 °C einnimmt – wenn das Gefäß eine leicht verschiebbare Wand besitzt, sodass der Druck konstant bleibt. (Er hat dann den Wert des äußeren Luftdrucks.)

Erwärmt man ein Gas in einem verschlossenen Gefäß, so steigt der Druck bei einer Temperaturerhöhung von 1 K um $\frac{1}{273}$ des Drucks, den es bei 0 °C besitzt.

Kühlt man Gase ab, verringert sich ihr Volumen, wenn man den Druck konstant hält, oder es verringert sich ihr Druck, wenn man das Volumen konstant hält. Beide Gesetzmäßigkeiten sind lineare Funktionen der Temperatur. Verlängert man die Schaubilder geradlinig nach links, schneiden die Geraden – für *alle* Gasarten – die Temperaturachse im Punkt –273 °C.

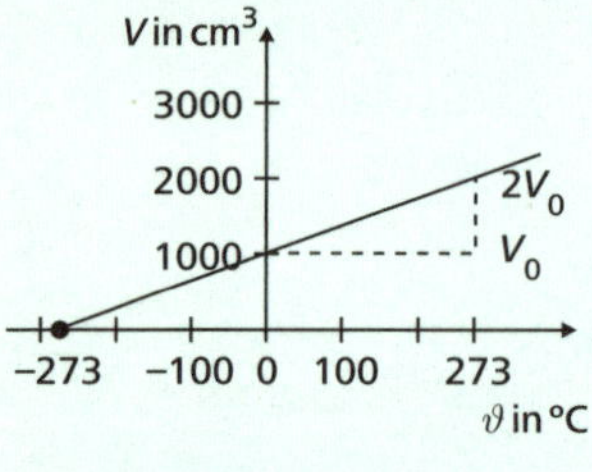

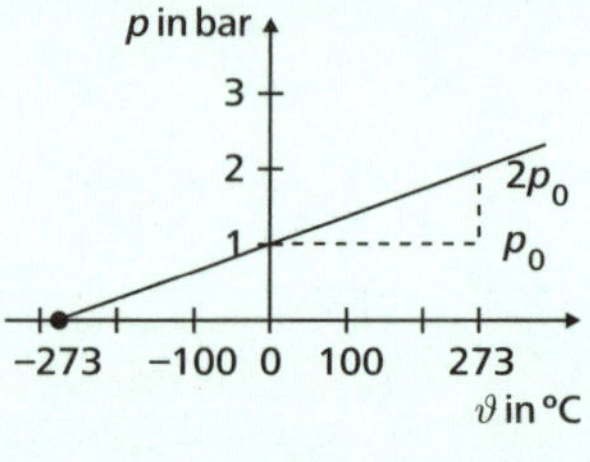

Scheinbar (!) hat jedes Gas bei –273 °C das Volumen 0 cm³ oder den Druck 0 bar. In Wirklichkeit werden alle Gase noch vor Erreichen von –273 °C flüssig, für Flüssigkeiten gelten aber die Gasgesetze nicht. Weil es keine niedrigere Temperatur geben kann, nennt man –273 °C den **absoluten Nullpunkt**. Dass es für die Temperatur einen Tiefstpunkt gibt, kann man mit dem *Teilchenmodell* erklären. Die Temperatur kann nur so lange sinken, bis die Teilchen vollständig zur Ruhe gekommen sind. Am absoluten Nullpunkt ruhen die Teilchen und benötigen daher zur Temperaturbewegung keinen Raum mehr. Auch entsteht dann kein Druck, weil keine Teilchen gegen die Gefäßwand prasseln.

Aufgrund dieser Vorstellungen schlug der schottische Physiker *William Thomson* (1824–1907) – er wurde später zum *Lord Kelvin* geadelt – eine weitere Temperaturskala vor, die als **Kelvinskala** oder **absolute Temperaturskala** bezeichnet wird. Auf dieser Skala stimmt die Einheit 1 K mit der Einheit der Celsiusskala 1 °C überein.
Man erhält Temperaturangaben in der Maßeinheit K, wenn man zu den Zahlenwerten der Celsius-Temperaturangaben stets 273 addiert. Der Gefrierpunkt von Wasser liegt bei 273 K, der Siedepunkt von Wasser bei 373 K. – Negative Temperaturwerte gibt es bei dieser Skala nicht. Zur Unterscheidung erhalten Temperaturen nach Kelvin das Formelzeichen *T*.

Gesetz von Gay-Lussac: Bei konstantem Druck ist das Volumen einer beliebigen Gasmenge proportional zur absoluten Temperatur:

$V \sim T$, oder (gleichwertig): $\frac{V_1}{V_2} = \frac{T_1}{T_2}$.

Beispiel:

Wie viel Kubikmeter Luft entweicht aus einem Zimmer vom Rauminhalt $V_1 = 4\,\text{m} \cdot 3\,\text{m} \cdot 2{,}5\,\text{m} = 30\,\text{m}^3$, wenn das Zimmer beheizt wird und die Temperatur von $T_1 = 283\,\text{K}$ (= 10 °C) auf $T_2 = 298\,\text{K}$ (= 25 °C) steigt?
Aus dem *Gay-Lussac'schen Gesetz* folgt:

$$V_2 = \frac{T_2 \cdot V_1}{T_1} = \frac{298\,\text{K}}{283\,\text{K}} \cdot 30\,\text{m}^3 \approx 31{,}6\,\text{m}^3.$$

Es entweichen also durch die Tür- und Fensterritzen rund $31{,}6\,\text{m}^3$.

Gesetz von Amontons: Bei konstantem Volumen ist der Druck in einer beliebigen Gasportion proportional zur absoluten Temperatur:

$p \sim T$, oder (gleichwertig): $\frac{p_1}{p_2} = \frac{T_1}{T_2}$.

Beispiel:

Die Luft in einem Autoreifen steht bei $T_1 = 283\,\text{K}$ (= 10 °C) unter einem Druck von 2,5 bar (= 2 500 hPa). Bei der Fahrt steigt die Temperatur der Luft im Reifen auf $T_2 = 343\,\text{K}$ (= 70 °C). Um wie viel nimmt der Druck im Reifen zu, wenn man von einer geringen Volumenzunahme des Reifens absieht? Aus dem Gesetz von *Amontons* folgt:

$$p_2 = \frac{T_2 \cdot p_1}{T_1} = \frac{343\,\text{K}}{283\,\text{K}} \cdot 2{,}5\,\text{bar} = 3{,}0\,\text{bar}.$$

Der Druck steigt also um 0,5 bar an, das sind 20 % des Ausgangsdrucks.

Überprüfe hier, ob das Wissen sitzt

1 Ergänze den Text.

a Unter der Voraussetzung, dass der Druck konstant bleibt, vergrößert sich bei der Erwärmung eines Gases um 1 K das Volumen um ______ desjenigen Werts, das es bei ______ °C besitzt.

b Unter der Voraussetzung, dass das Volumen konstant bleibt, vergrößert sich bei der Erwärmung eines Gases um 1 K der Druck um ______ desjenigen Werts, den es bei ______ °C besitzt.

2 Ergänze den Satz.

Die tiefstmögliche Temperatur ist erreicht, wenn die kleinsten Teilchen

____ ,

dies ist bei ______ °C der Fall.

3 Mit der absoluten Temperatur *T* gelten nach *Gay-Lussac* und *Amontons* Proportionalitäten. Fülle die Lücken aus:

Bei konstantem Druck *p* gilt:			
V_1	V_2	T_1	T_2
______ cm^3	30 cm^3	273 K	409,5 K
50 cm^3	______ cm^3	341,25 K	273 K
100 cm^3	120 cm^3	______ K	12 K
1 dm^3	2 dm^3	100 K	______ K

TESTEN • TESTEN • TESTEN • TESTEN • TESTEN • TESTEN • TESTEN

Bei konstantem Volumen V gilt:			
p_1	p_2	T_1	T_2
bar	30 bar	273 K	409,5 K
50 bar	bar	341,25 K	273 K
100 bar	120 bar	K	12 K
1 bar	2 bar	100 K	K

1 a Unter der Voraussetzung, dass der Druck konstant bleibt, vergrößert sich bei der Erwärmung eines Gases um 1 K das Volumen um $\frac{1}{273}$ desjenigen Werts, das es bei 0 °C besitzt.
b Unter der Voraussetzung, dass das Volumen konstant bleibt, vergrößert sich bei der Erwärmung eines Gases um 1 K der Druck um $\frac{1}{273}$ desjenigen Werts, den es bei 0 °C besitzt.

2 Die tiefstmögliche Temperatur ist erreicht, wenn die kleinsten Teilchen keine Bewegung mehr ausführen, dies ist bei –273 °C der Fall.

3

Bei konstantem Druck p gilt:			
V_1	V_2	T_1	T_2
20 cm^3	30 cm^3	273 K	409,5 K
50 cm^3	40 cm^3	341,25 K	273 K
100 cm^3	120 cm^3	10 K	12 K
1 dm^3	2 dm^3	100 K	200 K

Bei konstantem Volumen V gilt:			
p_1	p_2	T_1	T_2
20 bar	30 bar	273 K	409,5 K
50 bar	40 bar	341,25 K	273 K
100 bar	120 bar	10 K	12 K
1 bar	2 bar	100 K	200 K

Innere Energie – Wärme

Wie man heißes Wasser bereitet, ist keine Frage: Man stellt den Topf auf den heißen Herd. Auch wenn man die Heizung abschaltet, kann die heiße Herdplatte das Wasser noch einige Zeit am Kochen halten. Jeder weiß, dass nur eine *heiße* Herdplatte *kaltes* Wasser erwärmen kann. Wärme fließt also stets von einem heißeren Gegenstand zu einem kälteren. Berühren (oder vermischen) sich zwei Körper, so wird – wenn ein Temperaturunterschied besteht – Energie übertragen; man spricht in diesem Fall auch von **Wärme(energie)**.

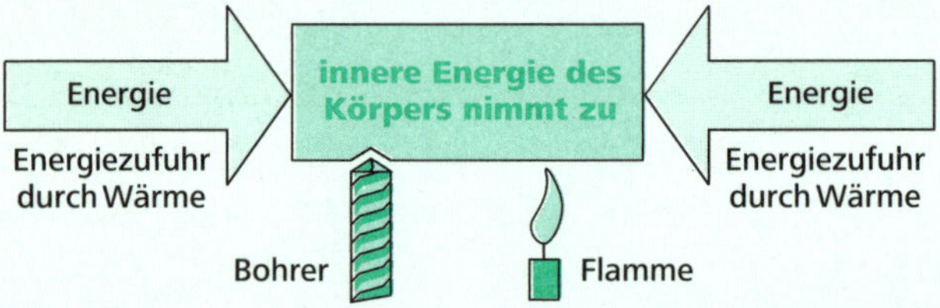

Es gibt noch eine andere Art der Energieübertragung bzw. eine andere Möglichkeit, die Temperatur zu erhöhen, mit der man im Alltag Erfahrungen sammeln kann: Mancher hat sich schon an der Nabe seines Fahrrads die Finger verbrannt, denn die wird sehr heiß, wenn man die Rücktrittbremse betätigt. Auch beim Bohren in hartes Holz oder Eisen können Bohrer und Werkstück sehr heiß werden. – In all diesen Fällen wird die Temperatur eines Körpers erhöht, ohne dass eine Flamme oder eine andere Heizquelle in der Nähe ist.

Bei einer Energiezufuhr – in Form von Wärme oder in Form von (Reibungs-) Arbeit – steigt die Temperatur eines Körpers an.

Die Erkenntnis, dass bei Vorgängen mit Reibung weder Energie erzeugt noch vernichtet wird, verdanken wir dem Arzt *Robert Mayer* (1814–1878), der für die Entdeckung des allgemeinen **Energieerhaltungssatzes** im Jahre 1842 von seinen Zeitgenossen als verrückt bezeichnet wurde.

Die gesamte Energie, die in der Bewegung der Teilchen und in ihrer Anordnung gespeichert ist, wird heute als **innere Energie** bezeichnet. Damit kann man sagen: Je höher die Temperatur eines Körpers, desto größer ist seine innere Energie.

Überprüfe hier, ob das Wissen sitzt

1 Beschreibe die zwei Möglichkeiten, wie man die innere Energie eines Körpers vergrößern kann.

____

____

____

2 Ergänze den Text.

Für Energie gibt es kein direktes Messgerät, man muss indirekt schließen: Je ______________ die Temperatur eines Körpers, desto größer ist auch seine ______________ Energie.

3 Jeder (physikalische) Körper besitzt in jedem Zustand „innere Energie“. Erkläre diese Behauptung.

____

____

____

____

1 Eine innere Energie eines Körpers kann man durch Erwärmen (= Zufuhr von Wärmeenergie) und/oder durch (Reibungs-)Arbeit erhöhen.

2 Für Energie gibt es kein direktes Messgerät, man muss indirekt schließen: Je größer die Temperatur eines Körpers, desto größer ist auch seine innere Energie.

3 Bei jedem Körper der Temperatur $T > 0$ K führen seine kleinsten Teilchen (Atome, Moleküle) eine (ungeordnete) Bewegung aus. Zu dieser Bewegungsenergie addiert sich noch Bindungsenergie der Atome untereinander.

27

Wie misst man Wärme?

Will man die Temperatur eines Körpers erhöhen, so muss man ihm Energie zuführen – entweder durch Arbeit oder durch Wärme. Je mehr Energie wir zuführen, desto größer ist die Temperaturerhöhung. Führen wir z. B. einer bestimmten Flüssigkeitsmenge nacheinander stets die gleiche Energiemenge zu – indem wir einen Tauchsieder immer wieder 1 min lang einschalten –, so erhalten wir bei jeder Energiezufuhr die gleiche Temperatur*erhöhung*. Es sind also die einem Körper zugeführte Energie W_Q und die Temperaturerhöhung $\Delta\vartheta$ zueinander proportional.

Führen wir die gleiche Energiemenge einer doppelt so großen Masse zu, so halbiert sich die Temperaturerhöhung. Oder: Wollen wir die gleiche Temperaturerhöhung erhalten wie im Fall der einfachen Masse, so müssen wir die doppelte Energiemenge zuführen: Die für eine bestimmte Temperaturerhöhung notwendige Energie und die Masse eines Körpers sind zueinander proportional.

Beispiel:

Wenn wir einen 500-W-Tauchsieder 1 min in Wasser tauchen, dann führen wir dem Wasser jeweils die Energie $W_Q = 500\,\frac{\text{J}}{\text{s}} \cdot 60\,\text{s} = 30\,000\,\text{J} = 30\,\text{kJ}$ zu. Angenommen, diese Energie wird vollständig zu innerer Energie des Wassers, dann erhöht sich die Temperatur von 1 kg Wasser um $\Delta\vartheta \approx 7{,}2\,\text{K}$.

Wollen wir 2 kg Wasser um 7,2 K erwärmen, so müssen wir dem Wasser 60 kJ Energie zuführen: entweder 2 Tauchsieder von 500 W Leistungsabgabe ins Wasser stecken oder einen Tauchsieder 2 min lang einschalten.

Eine Zusammenfassung der Proportionalitäten besagt, dass der Quotient

$c = \frac{W_Q}{m \cdot \Delta\vartheta}$ = konstant ist.

Man bezeichnet diese Konstante c als **spezifische Wärmekapazität**. Der Wert von c hängt vom Material ab, das die Energie aufnimmt.

Wärme wird oft mit Q abgekürzt; wir verwenden W_Q, da Wärme eine Energie ist.

Als Einheit von c ergibt sich: $1\,\frac{\text{kJ}}{\text{kg} \cdot \text{K}}$ oder (gleichwertig) $1\,\frac{\text{J}}{\text{g} \cdot \text{K}}$.

Der Zahlenwert von c gibt also an, wie viel kJ an Energie einem Körper zugeführt werden muss, um 1 kg seines Stoffes um 1 K zu erwärmen.
Wasser besitzt die (außerordentlich große) spezifische Wärmekapazität

$c = 4{,}18\,\frac{\text{kJ}}{\text{kg} \cdot \text{K}}$.

Beispiel:

Um 1 kg (= 1 l) Wasser um 1 K zu erwärmen, werden 4,18 kJ Energie benötigt. Um 80 l Badewasser von $\vartheta_2 = 40\ °\text{C}$ aus Leitungswasser der Temperatur $\vartheta_1 = 12\ °\text{C}$ zu gewinnen, ist ihm eine Energie

$$W_Q = c \cdot m \cdot \Delta\vartheta = 4{,}18\,\frac{\text{kJ}}{\text{kg} \cdot \text{K}} \cdot 80\,\text{kg} \cdot (40 - 12)\,\text{K} \approx 9\,363\,\text{kJ}$$

zuzuführen. (Der Tauchsieder bräuchte dazu selbst dann über 5 h, wenn man gleichzeitige Abkühlung verhindern könnte!)
Bei einer Abkühlung geben die Körper die entsprechende Energie an einen kühleren Körper der Umgebung wieder ab.

Die spezifische Wärmekapazität von festen Stoffen ist wesentlich kleiner als die von Flüssigkeiten $\left(c\text{-Wert von Eisen } 0{,}45\,\frac{\text{kJ}}{\text{kg} \cdot \text{K}}\right)$. Wasser ist z. B. ein Wärmespeicher, der relativ große Energiemengen aufnehmen und abgeben kann.
Wirft man einen heißen Körper in eine kalte Flüssigkeit oder mischt man zwei Flüssigkeiten, so nehmen sie (nach dem Temperaturausgleich) die **Mischungstemperatur** ϑ_m an. Diese lässt sich berechnen, wenn man die Energie, die der heiße Körper A (bis zur Mischungstemperatur ϑ_m) abgibt, der Energie gleichsetzt, die der kalte Körper B aufnehmen muss, damit er ϑ_m erreicht:
$W_{A,ab} = W_{B,auf}$.

Beispiel:

Zu 40 l heißem Wasser von 75 °C werden 60 l von 15 °C gegeben. Die Ausgangsgleichung lautet dann:
$W_{\text{A, ab}} = 40\,\text{kg} \cdot (75\ °\text{C} - \vartheta_m) = 60\,\text{kg} \cdot (\vartheta_m - 15\ °\text{C}) = W_{\text{B, auf}}$. Daraus folgt:
$4 \cdot 75\ °\text{C} - 4 \cdot \vartheta_m = 6 \cdot \vartheta_m - 6 \cdot 15\ °\text{C}$ und für die Mischungstemperatur $\vartheta_m = 39\ °\text{C}$.

Überprüfe hier, ob das Wissen sitzt

1 Ergänze den Text.

a Die spezifische Wärmekapazität c eines Stoffes gibt an, wie viel kJ Energie man benötigt, um ______ kg seiner Masse um _____ K zu erwärmen.

b Für Wasser beträgt $c = 4{,}18\,\frac{\text{kJ}}{\text{kg}\cdot\text{K}}$. Mit 418 kJ Energie kann man 1 Liter Wasser um ______ K erwärmen, oder 4 Liter Wasser um ________ K.

2 Für Eisen ist $c = 0{,}45\,\frac{\text{kJ}}{\text{kg}\cdot\text{K}}$. Wie viel Energie gibt eine anfänglich glühende Bremsscheibe von 800 °C und 2 kg Masse an die umgebende Luft ab, bis sie deren Temperatur von 20 °C angenommen hat?

$W =$

3 Warum kann man in Seen häufig noch im Herbst baden, selbst wenn die Lufttemperaturen schon relativ niedrig sind?

____

____

____

TESTEN • TESTEN • TESTEN • TESTEN • TESTEN • TESTEN • TESTEN

4 Welche Leistung muss die Heizspirale eines Warmwasserboilers besitzen, um 25 Liter Wasser von 15 °C in 10 min auf 95 °C zu erhitzen?

5 Begründe, warum man erwarten darf, dass man 1 Liter von 30 °C erhält, wenn man zu einem halben Liter Glykol von 40 °C einen halben Liter von 20 °C schüttet (und umrührt).

1 a Die spezifische Wärmekapazität c eines Stoffes gibt an, wie viel kJ Energie man benötigt, um 1 kg seiner Masse um 1 K zu erwärmen.

b Für Wasser beträgt $c = 4{,}18\,\frac{\text{kJ}}{\text{kg} \cdot \text{K}}$. Mit 418 kJ Energie kann man 1 Liter Wasser um 100 K erwärmen, oder 4 Liter Wasser um 25 K.

2 1755 kJ

3 Weil Wasser im Vergleich mit anderen Flüssigkeiten, aber auch mit festen Materialien, die größte Wärmekapazität besitzt und deshalb nur langsam auskühlt.

4 $P = \frac{W}{t} = \frac{4{,}19\,\frac{\text{kJ}}{\text{kg} \cdot \text{K}} \cdot 25\,\text{kg} \cdot 80\,\text{K}}{600\,\text{s}} \approx 14\,\frac{\text{kJ}}{\text{s}} = 14\,\text{kW}$

5 Die von der kälteren Flüssigkeit aufgenommene Energiemenge ist gleich der von der heißeren abgegebene (Energieerhaltungssatz!). Bei gleichen Massenteilen ist dies bei gleichen Temperaturänderungen (hier jeweils 10 K) erfüllt.

Schmelzen – Erstarren; Verdampfen – Kondensieren

Schmelzen und Erstarren

Damit ein fester Körper schmilzt, muss ihm Energie zugeführt werden. Die Energie, die man z. B. Eis (von 0 °C) zuführen muss, dass es zu Wasser (von 0 °C) schmilzt, bezeichnet man als **Schmelzwärme**.
Auch beim Schmelzen wächst die erforderliche Energie proportional zur Masse des zu schmelzenden Körpers. Den Quotienten aus Schmelzwärme und Masse nennt man *spezifische Schmelzwärme*, da er von Stoff zu Stoff verschieden ist. Für Wasser beträgt die spezifische Schmelzwärme $334 \frac{kJ}{kg}$.
Zum Schmelzen von 1 kg Eis benötigt man demnach 334 kJ.
Bei dem umgekehrten Vorgang, dem **Erstarren**, gibt ein Körper Energie ab – genauso viel, wie die gleiche Masse zum Schmelzen benötigt.
Während des gesamten Schmelzvorgangs steigt die Temperatur des festen Körpers nicht an, denn die zugeführte Energie wird samt und sonders zum Trennen der Teilchen benötigt. Die als Schmelzwärme zugeführte Energie „steckt" also nach dem Auflösen der festen Teilchenabstände in der Flüssigkeit.
Auch die Schmelzwärme zählt zur inneren Energie eines physikalischen Körpers.

Verdampfen und Kondensieren

Ein ähnlicher Vorgang findet beim **Verdampfen** statt. Auch hier ändert sich ein Körperzustand (Aggregatzustand) unter Energiezufuhr. Um 1 kg Wasser (bei ≈ 100 °C) zu verdampfen, benötigt man 2 256 kJ, das ist etwa 5-mal so viel, wie man braucht, um Wasser von 0 °C auf 100 °C zu erwärmen. Auch beim Verdampfen ist die spezifische **Verdampfungswärme** von Stoff zu Stoff verschieden.
Entzieht man einem Dampf Energie, so kondensiert er wieder zu einer Flüssigkeit. Dabei wird **Kondensationswärme** frei, die den gleichen Betrag hat wie die Verdampfungswärme (gleiche Masse vorausgesetzt).
Beispiel:

> Im Wasserdampf, einem unsichtbaren Gas, steckt also viel Energie. Große Gebäude werden deshalb durch eine Dampfheizung beheizt. In die Heizkörper wird heißer Dampf eingeleitet, der darin kondensiert und pro kg 2 256 kJ Energie an die Umgebung abgibt.

Sieden und Verdunsten

Auch die **Siedetemperatur** (= Kondensationstemperatur) ist von Stoff zu Stoff verschieden. Zudem hängt der Temperaturpunkt vom Druck über der Flüssigkeitsoberfläche ab. Ist das Gefäß offen, so bestimmt der äußere Luftdruck die Siedetemperatur. Je höher der Druck, desto höher die Siedetemperatur. Da während des Verdampfungsvorgangs die Temperatur in einer Flüssigkeit konstant bleibt, kann also – trotz ständiger Energiezufuhr – die Temperatur von siedendem Wasser nie über 100 °C steigen. Meist ist sie geringer, da der Luftdruck mit zunehmender Höhe über dem Meeresspiegel abnimmt.

In einem offenen Gefäß verdunstet eine Flüssigkeit allmählich – sie geht in den gasförmigen Zustand über – und das auch weit unterhalb ihrer Siedetemperatur oder gar in einem geschlossenen Gefäß. Dort bildet sich aber oberhalb der Flüssigkeit rasch ein Dampfdruck und stoppt die **Verdunstung**.

Im Gegensatz zum Sieden entstehen in der Flüssigkeit keine Dampfblasen; das Verdunsten geschieht von der Oberfläche aus. Auch für das Verdunsten einer Flüssigkeit ist Energie nötig, und zwar genau so viel, wie zum Verdampfen der gleichen Menge benötigt würde. Die Energie zum Verdunsten wird der Flüssigkeit selbst entzogen, sie kühlt dabei ab. Als Folge dieser *Verdunstungskühlung* sinkt die Temperatur der Flüssigkeit unter die Temperatur der Umgebung. Dann gibt die Umgebung Energie an die Flüssigkeit ab.

Beispiel:

Durch *Verdunstungskühlung* können wir unsere Körpertemperatur auf 37 °C halten, auch wenn die Außentemperaturen höher sind. Wenn wir schwitzen, verdunstet der Schweiß auf der Hautoberfläche und entzieht dem Körper Energie.

Überprüfe hier, ob das Wissen sitzt

1 Was gibt die spezifische Schmelzwärme eines Stoffes an?

____

____

2 Ergänze den Text.

Um einen Eiswürfel zu schmelzen, muss ihm Wärme(energie) von außen zugeführt werden. Während des ganzen Schmelzvorgangs beträgt die Temperatur des Schmelzwassers _______ °C, da die gesamte zugeführte Energie zum ____________________ verwendet wird.

3 Warum kann Wasser in einem offenen Gefäß nicht über 100 °C erhitzt werden?

____

4 Die spezifische Verdampfungswärme von Wasser beträgt $2\,256\,\frac{\text{kJ}}{\text{kg}}$.

In einer sogenannten *Dampfheizung* wird Wasserdampf von ≈ 100 °C in die Heizkörper geleitet, wo er zu flüssigem Wasser von ≈ 100 °C kondensiert.
Wie viel Energie wird durch die Kondensation des Dampfes an ein Klassenzimmer abgegeben, wenn während eines Vormittags 0,25 m^3 flüssiges Wasser den Heizkörper verlassen?

5 Warmblütler wie der Mensch können auch an einem heißen Sommertag ihre Körpertemperatur konstant halten. Erkläre, warum.

6 Bei der Zubereitung von „Latte macchiato“ wird häufig heißer Dampf aus der Espresso-Maschine in ein Glas kalte Milch eingeblasen; zuletzt wird der Espresso zugegeben. Welche Aufgabe hat der Heißdampf bei der Zubereitung?

1 Die spezifische Schmelzwärme eines Stoffes gibt an, wie viel kJ Energie man benötigt, um 1 kg seiner Masse zu schmelzen.

2 Während des ganzen Schmelzvorgangs beträgt die Temperatur des Schmelzwassers 0 °C, da die gesamte zugeführte Energie zum Schmelzen verwendet wird.

3 Da die zugeführte Energie zum Sieden verwendet wird.

4 564 MJ

5 Sie besitzen durch das Schwitzen eine Verdunstungskühlung.

6 Durch das Einblasen von Heißdampf gibt dieser an die Milch Kondensationswärme ab. Die Milch wird dadurch in sehr kurzer Zeit erhitzt, ohne stark verdünnt zu werden.

Kühlschrank und Wärmepumpe

Kühlschrank

In den meisten Haushalten gibt es einen Kühlschrank oder eine Gefriertruhe. Sie benötigen elektrischen Strom, um eine Pumpe – den sogenannten **Kompressor** – zu betreiben. Dieser befördert ein Kühlmittel, das unter Druck steht, in einem geschlossenen Röhrensystem. Durch Verdampfen des Kühlmittels entzieht es den Lebensmitteln im Innenraum des Schranks Energie und transportiert diese an die Außenseite des Kühlschranks. In dem dortigen Röhrenteil kondensiert das gasförmige Kühlmittel wieder zu einer Flüssigkeit und wird durch eine enge Düse in das innere Röhrensystem – in den sogenannten **Verdampfer** – gepresst; der Kreislauf des Kühlmittels beginnt aufs Neue.
In Wohnwagen findet man meist einen anderen Kühlschranktyp, den sogenannten **Absorber**. Er arbeitet völlig geräuschlos und kann auch mit Gas betrieben werden. Die Betriebskosten sind allerdings höher.

Wärmepumpe

Eine Kompressor-Anlage, die zur Erwärmung eines Raumes oder einer ganzen Wohnung entwickelt wurde, wird als *Wärmepumpe* bezeichnet. Sie hat die gleichen Bauteile wie ein Kühlschrank. Allerdings entzieht sie ihrer Umgebung Energie. Das kann in diesem Fall die Außenluft – oder noch wirkungsvoller – das Grundwasser oder ein vorbeifließender Bach sein. Selbst wenn dieser Bach nur 10 °C hat, kann man ihm noch Energie entziehen! Der Vorteil einer Wärmepumpe gegenüber anderen Heizsystemen ist der, dass die eigentliche Wärme(energie) zum Heizen kostenlos ist. Lediglich der Kompressorbetrieb verursacht Kosten. Moderne Wärmepumpen benötigen heute nur etwa 0,4 kJ an elektrischer Energie, um damit 1 kJ Wärme zu transportieren. Eine Wärmepumpe zu betreiben kann deshalb billiger sein, als mit Öl zu heizen.
Nachteile von Wärmepumpen ergeben sich durch die hohen Anschaffungskosten der Anlage und die Wartungskosten. Denn eine Wärmepumpe enthält bewegliche Teile, die verschleißen. Zudem bieten sich nicht überall günstige Möglichkeiten, ein „Energiereservoir“ anzuzapfen.

Überprüfe hier, ob das Wissen sitzt

1 Ergänze den Text.

a Bei einem Kompressor-Kühlschrank ________________________ ein Kühlmittel im Röhrensystem des Innenraums Wärme(energie) und gibt sie auf der Rückseite des Kühlschranks in einem sogenannten ________________________ an die umgebende Luft ab.

b Bei einer Wärmepumpe wird z. B. dem Grundwasser ________________________ entzogen und diese in den ________________________ der Wohnung abgegeben.

2 Erkläre die ökonomischen und ökologischen Vorteile einer Wärmepumpen-Heizung.

____

____

____

1 a Bei einem Kompressor-Kühlschrank entzieht ein Kühlmittel im Röhrensystem des Innenraums Wärme(energie) und gibt sie auf der Rückseite des Kühlschranks in einem sogenannten Verdampfer an die umgebende Luft ab.

b Bei einer Wärmepumpe wird z. B. dem Grundwasser Energie entzogen und diese in den Heizkörpern der Wohnung abgegeben.

2 Die Wärmeenergie bekommt man in der Regel kostenlos. Es gibt lediglich Kosten für den elektrischen Antrieb der Kompressor-Pumpe. Es entstehen keine Abgase oder Rauchpartikel, welche die Umwelt belasten können.

Maschinen, die mit Wärme arbeiten

Die Motoren in unseren Kraftfahrzeugen verbrennen zur Arbeit Treibstoff. Elektromotoren beziehen zwar ihre Energie aus der Steckdose, doch dahinter steht ein Kraftwerk, in dem Turbinen die Generatoren antreiben. Die Turbinen werden mit heißem Dampf betrieben – letztlich arbeiten alle Motoren in irgendeiner Weise mit Wärme. Sie werden zusammengefasst – etwas altertümlich – als *Wärmekraftmaschinen* bezeichnet.
Dampfmaschinen, Dampfturbinen, Otto- und Dieselmotoren, aber auch Raketen, werden heute eher als *Energiewandler* oder als **Wärme-Energie-Maschinen** angesehen; in ihren Anlagen wird Wärme(energie) in mechanische Energie (Bewegungsenergie) verwandelt.
Wir lassen die technischen Unterschiede der Wärme-Energie-Maschinen beiseite und konzentrieren uns auf einige ihnen gemeinsame physikalische Prinzipien:

- Wärme-Energie-Maschinen funktionieren nur, wenn ein Temperaturgefälle vorhanden ist. Hätten an einer Maschine alle Bauteile die gleiche Temperatur, so würde sie stehen bleiben. Autos, aber auch Kraftwerke, benötigen deshalb einen Kühler bzw. einen Kühlturm.
- Alle Maschinen geben genau so viel Energie ab, wie ihnen zugeführt wird. Auch für sie gilt der *Satz von der Erhaltung der Energie* (Energieerhaltungssatz).
- Niemals kann jedoch die gesamte zugeführte Energie *vollständig* in Arbeit verwandelt werden. Es gibt keine Wärme-Energie-Maschine, die dauernd läuft und mit der zugeführten Wärme *nur* Arbeit verrichtet. Immer wird ein Teil der zugeführten Energie wieder als Wärme abgegeben. Dieser Teil wird meist als *Abwärme* bezeichnet, weil er für die weitere Nutzung im Allgemeinen nicht verwertbar ist.
- Von großer wirtschaftlicher Bedeutung ist der **Wirkungsgrad**. Man versteht darunter das Verhältnis aus genutzter und zugeführter Energie: $\eta = \frac{W_{Nutz}}{W_{zug}}$. Der Wirkungsgrad η (Eta) ist stets kleiner als 1.

Beispiel:

Aus 1 l Dieselöl können beim Verbrennen 40 MJ Wärme(energie) gewonnen werden. Ein Dieselmotor erzeugt aus 1 l Treibstoff etwa 14 MJ Arbeit; sein Wirkungsgrad beträgt also $\eta = \frac{14\,\text{MJ}}{40\,\text{MJ}} = 0{,}35 = 35\,\%$.

Überprüfe hier, ob das Wissen sitzt

1 Benenne einige *Wärmekraftmaschinen*. Wie werden sie heute korrekter bezeichnet?

____

____

2 Warum benötigen all diese Maschinen ein Temperaturgefälle?

____

3 Ergänze den Text.

Unter dem Wirkungsgrad versteht man das Verhältnis (den Quotienten)

aus ____________________ und ____________________

1 Dampfmaschine, Ottomotor, Dieselmotor, Turbine
Man bezeichnet sie auch als Energiewandler.

2 Andernfalls würden sie stehen bleiben.

3 Unter dem Wirkungsgrad versteht man das Verhältnis (den Quotienten) aus Nutzenergie und zugeführter Energie.

Transport von Wärmeenergie

Wärmekonvektion

Eine Zentralheizung ist eine Anlage, bei der Wärme von einem Ofen (meist im Heizungskeller) in die verschiedenen Wohnräume transportiert wird. Man nennt diese Art des Energietransports, der an einen Transport von Materie gebunden ist, **Konvektion** (oder Mitführung). Immer wenn Flüssigkeiten oder Gasschichten ungleichmäßig erwärmt sind, tritt Konvektion auf. Sie spielt beim Wetter eine bedeutende Rolle. Auch die Kühlung bei einem wassergekühlten Automotor geschieht durch Konvektion; hier wird die Mitführung durch eine Kühlwasserpumpe unterstützt, die das heiße Wasser durch den Kühler treibt.

Wärmeleitung

Die Wärmeleitung ist daran schuld, dass man sich am Griff einer Teekanne die Finger verbrennt. In allen Körpern wird die Wärme(energie) mehr oder weniger gut weitergeleitet, ohne dass die Teilchen im Körper ihren Platz verlassen. Diese Energieweiterleitung durch Stöße von Teilchen zu Teilchen bezeichnet man als **Wärmeleitung**. Die Energie fließt dabei stets von Stellen höherer Temperatur zu Stellen niedriger Temperatur. Unter den Stoffen gibt es sowohl gute als auch schlechte Wärmeleiter, beide sind gleich wichtig. Alle Metalle sind gute Wärmeleiter (besonders Silber und Kupfer), Wasser und Gase sind dagegen schlechte Wärmeleiter.
Stoffe, die viel Luft enthalten, wie Styropor oder Kork, sind schlechte Wärmeleiter und werden deshalb gern zur Wärmeisolation eingesetzt. Noch besser sind Thermoskannen isoliert. Zwischen den doppelten Glaswänden ist die Luft entfernt.

Temperaturstrahlung, Wärmestrahlung

Neben Konvektion und Wärmeleitung gibt es noch eine dritte Art der Energieübertragung. Von der Sonne gelangt ständig Energie durch den praktisch leeren Weltraum. Man spricht in diesem Fall von **Temperaturstrahlung**, weil die Strahlung (und damit der Energiebetrag) sehr stark von der Temperatur des Körpers abhängt. Diese Art von Energietransport ist an keine Materie gebunden.

Die Oberfläche der Sonne hat eine Temperatur von 5 800 °C. Ihre Strahlung besteht zum größten Teil aus sichtbarem Licht, das Glas fast ohne Abschwächung durchdringt.
Von Körpern niedriger Temperatur geht ebenfalls eine Strahlung aus, die wir – wenn ihre Temperatur unter 800 °C liegt, wie bei einem Bügeleisen – mit dem Auge nicht wahrnehmen. Diese Strahlung wird als *Infrarotstrahlung* oder als **Wärmestrahlung** bezeichnet, da sie unsere Hautoberfläche beim Auftreffen erwärmt.
Jede Strahlung, auch die Wärmestrahlung, wird besonders stark von schwarzen Körpern absorbiert. Mit *Sonnenkollektoren*, deren Absorberröhren geschwärzt sind, kann man auch den Infrarot-Anteil des Sonnenlichts ausnutzen und damit selbst in Wintermonaten warmes Wasser bereiten. Allerdings hängt die Energieausbeute sehr stark von der Tages- und Jahreszeit sowie vom Wetter ab. In unseren Breiten kann man mit einem Jahresmittel von ca. $100\,W = 100\,\frac{J}{s}$ pro m^2 Fläche rechnen.

Von der Sonne geht ein gewaltiger Energiestrom aus, der selbst in der Entfernung der Erde (150 Millionen km) auf jeden m^2 Fläche noch 1386 W einstrahlt. Dieser Wert wird als **Solarkonstante** bezeichnet. Davon kann man an der Erdoberfläche im günstigsten Fall immerhin noch etwa 1000 J Energie in jeder Sekunde gewinnen.

Seit mindestens 4,5 Milliarden Jahren strahlt die Sonne mit konstanter Intensität diese Energie der Erde zu. Sie ist damit unser wichtigster Energielieferant (nur 0,02 % trägt die sogenannte **Erdwärme** bei, die aus einem radioaktiven Zerfall der Atomkerne des Erdkerns stammt).
Durch die ständige Absorption des Sonnenlichts würde sich die Temperatur der Erdoberfläche immer weiter steigern, wenn die Erde nicht gleichzeitig als „Temperaturstrahler“ auch Energie ins Weltall abstrahlen würde. Im Gegensatz zur Sonne, die bei 5 800 K Temperatur hauptsächlich sichtbares Licht emittiert, strahlt die Erde bei einer mittleren Temperatur von etwa 14 °C (global gemittelt über alle Kontinente, Tag und Nacht und alle Jahreszeiten) Energie in Form von Wärmestrahlung (Infrarotstrahlung) ab. Bei dieser Temperatur ist die Erde im „Energiegleichgewicht“: Es fließt ihr pro Zeiteinheit gleich viel Energie zu, wie sie abstrahlt.

Überprüfe hier, ob das Wissen sitzt

1 Welche drei Möglichkeiten eines Energietransports durch Wärme gibt es?

____

____

____

2 Als was wird die (unsichtbare) Wärmestrahlung von Körpern mit Temperaturen unter 800 °C auch bezeichnet?

____

3 Was versteht man unter der *Solarkonstante*?

____

4 a Wie erklärt sich, dass die (mittlere) Oberflächentemperatur der Erde aufgrund der ständigen Sonneneinstrahlung nicht zunimmt?

____

____

____

b Worauf beruht die heutige Befürchtung, dass diese Temperatur künftig ansteigen könnte?

____

____

____

c Welche unmittelbaren Folgen wären zu befürchten?

____

____

____

5 In den Heizkörpern der Zentralheizung von Privatwohnungen zirkuliert meist Warmwasser. Warum wird in den Heizkörpern von Schulen und öffentlichen Gebäuden eher Heißdampf eingeleitet?

6 Offene Kamine in Wohnzimmern mögen zwar stimmungsvoll sein, als (alleinige) Heizanlage haben sie jedoch gewaltige Nachteile. Man friert z. B. oft am Rücken, wenn man davor sitzt. Warum?

1 Wärmekonvektion; Wärmeleitung; Wärmestrahlung

2 Infrarotstrahlung

3 Das ist die Energiemenge, die die Sonnenstrahlung auf jeden m^2 einer Fläche in der Entfernung der Erde einstrahlt.

4 a Weil die Erde als sogenannter Temperaturstrahler die gleiche Menge an Energie (pro Zeit- und Flächeninhalt) ins Weltall abstrahlt.

b Durch den Ausstoß der Treibhausgase in die Atmosphäre könnte das Energie-Gleichgewicht von absorbierter Sonnenenergie und emittierter Strahlungsenergie künftig gestört werden. Als Folge davon würden die mittleren Temperaturen der Erdoberfläche ansteigen.

c Durch höhere Temperaturen würden die Eisschichten der Polkappen abschmelzen, was zu einem Anstieg des Meeresspiegels (mit vielen Folgen für die Küstenbewohner) und zu großen Veränderungen in den Klimazonen der Erde führen würde.

5 Zimmer in Privatwohnungen haben ein kleines Volumen, sodass die Energieabgabe von warmem Wasser zur Beheizung ausreicht. Zur Erwärmung größerer Räume bräuchte man viele Heizkörper oder die Oberfläche der Heizkörper müsste sehr groß sein.
Heizkörper von Dampfheizungen können auch bei kleiner Oberfläche viel Energie abgeben, da sie hauptsächlich aus der Kondensationswärme des Dampfes stammt.

6 Bei offenen Kaminen wird ein Großteil der Energie nutzlos mit dem Rauchgas abgeführt. Sitzt man vor einem offenen Kamin, wird unsere Körpervorderseite durch Infrarotstrahlung erwärmt; unser Rücken liegt dabei im Schatten.

Lichtquellen

In völliger Dunkelheit kann man nichts sehen. Erst wenn Licht durch die Pupille des Auges tritt und die Sehzellen der Netzhaut trifft, reagiert der Gesichtssinn auf diesen Reiz.
Heiße Körper (Sonnenoberfläche, Kerze, Glühfaden einer Lampe etc.) sind selbstleuchtend. Die meisten Gegenstände unserer Umgebung sind dagegen nicht selbstleuchtend; wir nehmen sie nur wahr, wenn sie durch das Licht einer Lichtquelle beleuchtet werden. Bei lichtundurchlässigen Körpern wird dann ein Teil des auffallenden Lichts an der Oberfläche dieser Körper „in alle Richtungen" zurückgeworfen (reflektiert, gestreut). Nur wenn ein Teil dieses Streulichts in unser Auge eintritt, nehmen wir diese Gegenstände wahr. Ob sie uns matt oder glänzend, schwarz oder farbig erscheinen, hängt von ihrer Oberflächenbeschaffenheit ab.

Drei Formen von Lichtbündeln

Bei vielen Taschenlampen kann man durch Drehen an der Spiegelfassung die Form des **Lichtbündels** verändern. Man unterscheidet drei Formen von Lichtbündeln:

- *Parallellichtbündel* mit parallelen Lichtstrahlen,
- *divergente Lichtbündel* mit auseinanderlaufenden Strahlen,
- *konvergente Lichtbündel* mit Strahlen, die auf einen Punkt zulaufen.

Die Sonne ist so weit entfernt (150 Millionen km), dass ihre Lichtstrahlen praktisch parallel sind, wenn sie auf die Erde treffen; auch das Licht aus Lasern ist ein Parallellichtbündel.

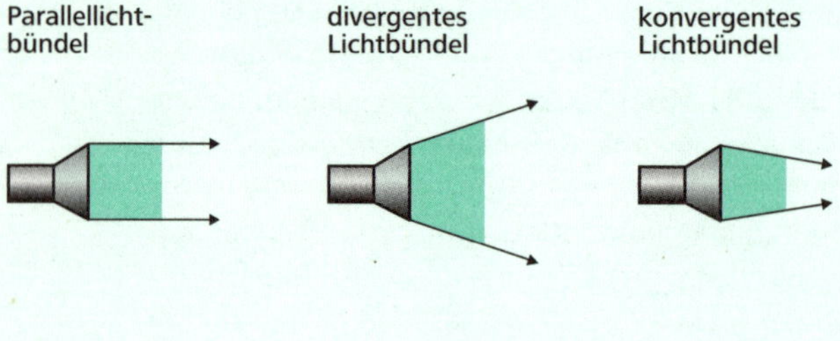

Um besondere Beleuchtungseffekte zu erzielen („Spotlight“), werden Lichtquellen häufig in ein lichtundurchlässiges Gehäuse gebracht, das eine Blendenöffnung hat. Doch selbst bei den kleinsten Öffnungen erhält man stets ein *Lichtbündel;* ein Strahl ohne „Dicke“ – so wie er in der Mathematik definiert wird – existiert physikalisch nicht.

Arbeit mit einem Modell

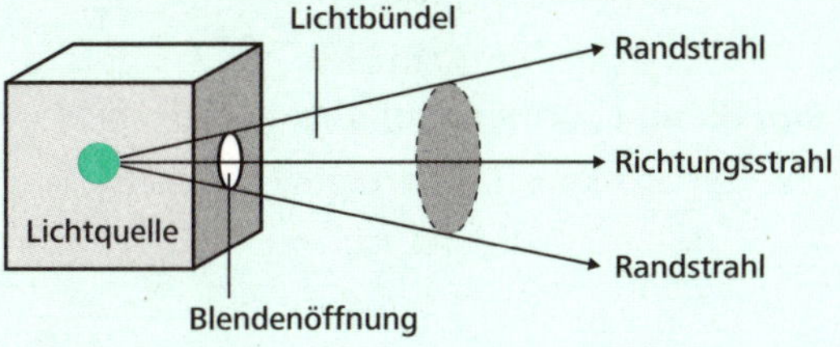

Trotzdem stellt man sich vor, dass jedes Lichtbündel aus unendlich vielen *Lichtstrahlen* besteht, und deutet dies an, indem man von Lichtbündeln nur einige **Randstrahlen** oder gar nur den **Richtungsstrahl** (= Strahl in der Mittelachse des Bündels) zeichnet.
Häufig genügt es, nur den Verlauf des Richtungsstrahls zu verfolgen, das ihn umgebende Lichtbündel kann man sich vorstellen. In entsprechenden Skizzen sind deshalb nur zwei Randstrahlen eines Lichtbündels oder gar nur der Richtungsstrahl eingezeichnet.
In solchen Fällen sagt der Physiker, dass er mit einem „Modell“ arbeitet. Mit geeigneten Modellen lassen sich viele Naturerscheinungen *einfach* erklären und berechnen – aber nicht alle!

Überprüfe hier, ob das Wissen sitzt

1 Beschrifte die drei Arten von Lichtbündeln.

a

b

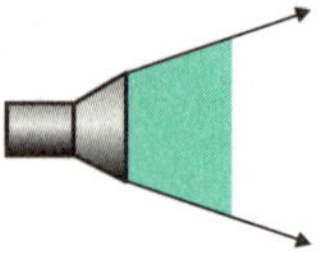

c

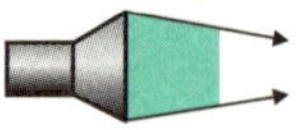

_______________ _______________ _______________

2 Warum ist das auf der Erde einfallende Sonnenlicht ein Parallellichtbündel?

___

___

3 a Welche gemeinsamen Eigenschaften haben ein Lichtstrahl in der Optik und ein Strahl in der Geometrie (Mathematik)?

___

___

___

___

b Worin unterscheiden sie sich jedoch?

___

___

___

___

4 In vielen Skizzen der Optik wird nur der *Richtungsstrahl* eines Lichtbündels gezeichnet; der Physiker spricht dann von einem Modell.

a In welchen Fällen greift der Physiker zu einem Modell und welchen Vorteil hat diese Vorgehensweise?

____

____

____

b Was hat man sich unter einem Richtungsstrahl vorzustellen?

____

5 Warum haben Astronauten berichtet, dass das Weltall – von den Sternen und der Sonne abgesehen – schwarz erscheint?

____

____

____

1 a Parallellichtbündel
b divergentes Lichtbündel
c konvergentes Lichtbündel

2 Die Sonne ist so weit von der Erde entfernt (150 Mio. km), dass das Licht praktisch parallel einfällt.

3 a Ein Strahl der Geometrie und ein Lichtstrahl der Optik breiten sich von einem Punkt ausgehend geradlinig ins „Unendliche“ aus.
b Ein Strahl der Geometrie besitzt (definitionsgemäß) keine „Dicke“. Ein noch so dünnes Lichtbündel hat quer zu seiner Ausbreitung stets eine messbare Dicke und besteht deshalb (theoretisch) aus unendlich vielen Strahlen.

4 a Wenn man bei komplizierten Vorgängen mit vereinfachenden Denkvorstellungen (Abstraktionen) etwas anschaulich erklären kann. Häufig werden dadurch auch einfache Rechenwege gefunden.
b Die Mittelachse eines Lichtbündels.

5 Da es im näheren Weltall keine Atmosphäre oder Körper gibt, die das Sonnenlicht reflektieren, sahen die Astronauten „schwarz“.

Ausbreitung der Lichtstrahlen

Die Ausbreitung von Lichtstrahlen gehorcht folgenden Gesetzmäßigkeiten:

- Von Lichtquellen breiten sich Lichtstrahlen nach allen Richtungen aus.
- Innerhalb eines lichtdurchlässigen Stoffes von gleichartiger Beschaffenheit (Glas, Wasser, Luft von einheitlicher Temperatur etc.) breiten sich Lichtstrahlen *geradlinig* aus. Dies gilt auch für die Lichtausbreitung im Vakuum.
- Quer zu ihrer Ausbreitungsrichtung zeigen Lichtstrahlen keine Wirkung. So kann Licht, das nicht direkt in unser Auge eintritt, nicht wahrgenommen werden.
- Lichtstrahlen können einander ungestört durchkreuzen; dies gilt insbesondere auch für farbige Lichter.
- Der Weg eines Lichtstrahls kann prinzipiell auch in entgegengesetzter Richtung durchlaufen werden (wenn man die Lichtquelle und den Auftreffort vertauscht); man sagt kurz: Lichtwege sind umkehrbar.

Sonnen- und Mondfinsternis

Hinter lichtundurchlässigen Körpern entstehen Schattenräume. Schiebt sich z. B. der Mond zwischen die Verbindungsstrecke von Sonnen- und Erdmittelpunkt, so entsteht eine Sonnenfinsternis. Alle Bewohner der Erde, die vom Schattenkegel des Mondes „getroffen" werden (etwa 200 km Durchmesser), sehen für Minuten die Sonne durch den Mond verdunkelt: Die nächste *totale* Sonnenfinsternis in Deutschland ist am 3. September 2081 zu beobachten.

Viel häufiger, etwa zweimal im Jahr, ist eine Mondfinsternis zu beobachten; der Erdschatten dunkelt dann die Vollmondscheibe ab. Man kann sie von all jenen Orten sehen, wo gerade Nacht ist.

Überprüfe hier, ob das Wissen sitzt

1 Welche fünf Gesetzmäßigkeiten befolgen die Lichtstrahlen bei ihrer Ausbreitung (und sind die Grundlagen der geometrischen Optik)?

a ______________________________

____

b ______________________________

____

c ______________________________

____

d ______________________________

____

e ______________________________

____

2 Wie entstehen Sonnenfinsternisse und wie Mondfinsternisse?

____

____

1 a Von einer Lichtquelle breiten sich Lichtstrahlen nach allen Richtungen aus.
b In lichtdurchlässigen Medien (gleicher Beschaffenheit) breiten sich Lichtstrahlen geradlinig aus.
c Quer zu ihrer Ausbreitungsrichtung zeigen sie keine Wirkung (wir können sie nicht sehen).
d Lichtstrahlen können sich ungestört durchkreuzen.
e Jeder Weg eines Lichtstrahls kann auch in umgekehrter Weise durchlaufen werden.

2 Bei Sonnenfinsternissen schiebt sich der Mond zwischen Sonne und Erde; bei einer Mondfinsternis durchquert der Mond den Erdschatten.

34

Reflexion des Lichts

Wird ein Lichtbündel auf eine sehr glatte Oberfläche (Glas, Wasser, polierte Metallfläche etc.) gerichtet, so wird ein großer Anteil des Lichts in eine *bestimmte* Richtung zurückgeworfen; man spricht von einer **Reflexion** des Lichts. Besonders groß ist der Anteil des reflektierten Lichts bei Spiegeln. Die Vorzugsrichtung, in der das Licht reflektiert wird, beschreibt man durch die zwei Sätze des Reflexionsgesetzes.

Das Reflexionsgesetz

1. Der Reflexionswinkel β ist gleich dem Einfallswinkel α, also $\beta = \alpha$.
2. Der einfallende Strahl, der reflektierte Strahl und das Einfallslot im Auftreffpunkt liegen stets in einer Ebene senkrecht zur spiegelnden Fläche.

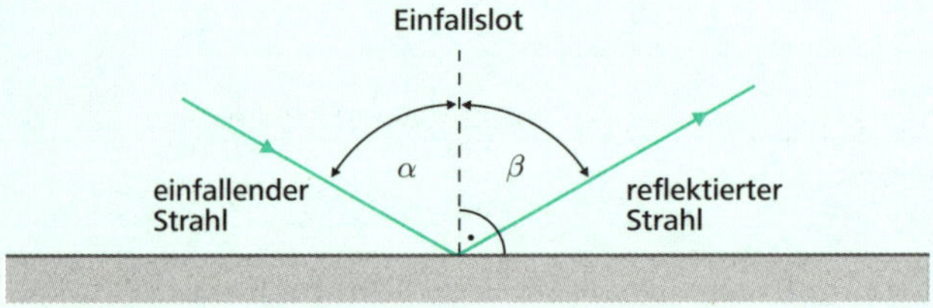

Bei senkrechtem Einfall ($\alpha = 0°$) wird der Lichtstrahl in sich selbst reflektiert. Einfallender Strahl, reflektierter Strahl und das Lot fallen dann zusammen.
Beachte: Die Winkel werden stets zum Einfallslot hin gemessen! Auch bei rauen Oberflächen findet eine Reflexion des Lichts statt. Hier gibt es jedoch keine besondere Vorzugsrichtung: Man spricht in diesem Fall von *Streuung*.

WISSEN • WISSEN • WISSEN • WISSEN • WISSEN • WISSEN • WISSEN

Überprüfe hier, ob das Wissen sitzt

1 Wann wird Licht reflektiert, wann gestreut? Worin besteht der Unterschied?

____

____

____

2 Wie lauten die zwei Sätze des Reflexionsgesetzes?

____

____

____

____

3 Was muss man bei der Messung des Einfallswinkels und des Reflexionswinkels beachten?

____

____

1 Licht, das schräg auf eine glatt polierte Fläche fällt, wird in eine bestimmte Richtung reflektiert. An rauen Oberflächen wird das Licht in einem größeren Winkelbereich zurückgestreut.

2 a Die Winkelweite des Reflexionswinkels ist gleich der des Einfallswinkels.

b Der einfallende Strahl, der reflektierte Strahl und das Einfallslot im Auftreffpunkt liegen in einer Ebene senkrecht zur Spiegelfläche.

3 Beide Winkel werden gegen das Einfallslot gemessen (und nicht gegen die Spiegelfläche!).

Lichtbrechung

Hält man einen Trinkhalm schräg in ein Glas und blickt von oben auf die Flüssigkeit, so sieht der Trinkhalm geknickt aus. Diese Täuschung beruht auf der sogenannten *Brechung* der Lichtstrahlen an der Flüssigkeitsoberfläche. – Tritt Licht aus einem Stoff kommend in einen anderen Stoff ein (z. B. von Luft nach Wasser oder von Glas nach Luft), so erfährt der Lichtstrahl *an jeder Grenzfläche* der beiden Stoffe einen Richtungsknick; man spricht von **Brechung**. Bei einem senkrechten Auftreffen entfällt der Knick, anders gesagt: Der senkrecht auf die Grenzfläche treffende Lichtstrahl wird nicht gebrochen.

Man unterscheidet zwei Fälle:

1. Ist $\beta < \alpha$, so sagt man: Die Brechung erfolgt *zum Lot hin* und das Medium 2 ist im Vergleich zu Medium 1 *optisch dichter.*
2. Ist $\beta > \alpha$, so sagt man: Die Brechung erfolgt *vom Lot weg* und das Medium 2 ist im Vergleich zu Medium 1 *optisch dünner.*

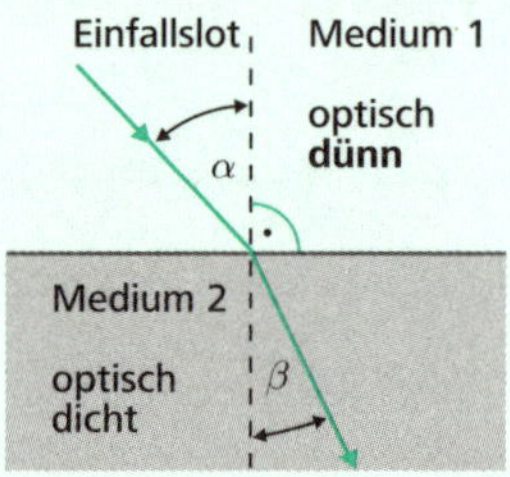

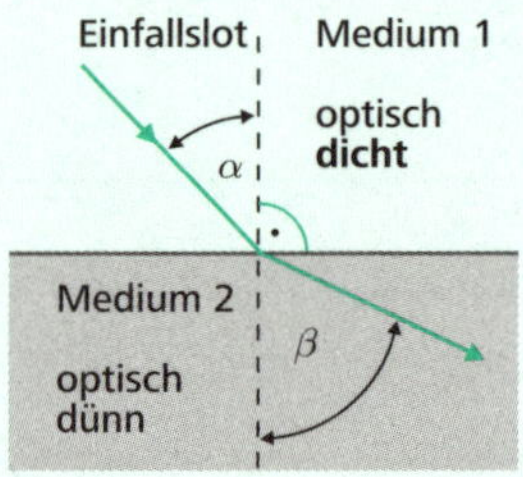

Im Vergleich zu Luft (und Vakuum) sind Wasser, Glas, Plexiglas optisch dichter.

Das Licht kommt immer vom Medium 1 und geht nach der Brechung im Medium 2 weiter; innerhalb der beiden Medien verläuft es geradlinig.

Auf unseren Bildern können die Pfeilspitzen umgekehrt werden, auch für die Brechung gilt die Umkehrbarkeit der Lichtwege.

Überprüfe hier, ob das Wissen sitzt

1 Die ansonsten geradlinige Ausbreitung eines Lichtstrahls erfährt gelegentlich – auch ohne Reflexion an einem Spiegel – einen „Richtungsknick". Unter welchen Bedingungen tritt dieser Effekt auf?

___

___

___

___

2 An welcher Stelle findet eine sogenannte *Brechung* eines Lichtstrahls statt?

___

___

3 Was passiert, wenn ein Lichtstrahl senkrecht auf eine Wasseroberfläche trifft?

___

4 Hinsichtlich des Brechungsverhaltens werden lichtdurchlässige Medien in „optisch dünn" und „optisch dicht" eingeteilt. Erkläre, in welchem Fall ein Medium als optisch dichter bezeichnet wird – verglichen mit einem anderen.

___

___

___

1 Fällt ein Lichtstrahl schräg (Einfallswinkel > 0°) von einem Medium kommend auf die Oberfläche eines anderen Stoffes, so erfährt er einen Knick; er wird „gebrochen".
2 Die Brechung erfolgt jeweils an den Grenzflächen zweier Medien.
3 Der Lichtstrahl geht ungebrochen (geradlinig) weiter.
4 Erfolgt die Brechung „zum Lot hin" – d.h., der Brechungswinkel im Medium 2 ist kleiner als der Einfallswinkel im Medium 1 –, so wird Medium 2 als optisch dichter als Medium 1 bezeichnet.

36

Brechungsgesetz und Totalreflexion

Brechungsgesetz

Für den Zusammenhang zwischen dem Einfallswinkel α und dem Brechungswinkel β gilt – bei einem Übergang des Lichts von einem optisch dünneren in einen optisch dichteren Stoff – zwar: Je größer α, desto größer auch β, jedoch besteht zwischen diesen beiden Größen keine Proportionalität.

In mathematischer Form lautet das **Brechungsgesetz:** $\frac{\sin \alpha}{\sin \beta} = \text{konstant} = n$, der Quotient aus dem Sinus der beiden Winkel ist konstant, er wird als **Brechzahl** bezeichnet.

Bei einem Lichtübergang von Luft nach Wasser beträgt die Brechzahl $n = 1{,}33 \ldots \approx \frac{4}{3}$; von Wasser nach Luft beträgt sie $n \approx \frac{3}{4} = 0{,}75$. Brechzahlen für weitere *Stoffpaare* findet man in physikalischen Tabellenbüchern.

Auch bei der Brechung liegen einfallender Strahl, gebrochener Strahl und das im Auftreffpunkt errichtete Lot in einer Ebene.

Totalreflexion

Beim Übergang von einem optisch dichteren in ein optisch dünneres Medium (z. B. von Wasser nach Luft) ist der Brechungswinkel β stets größer als der Einfallswinkel α.

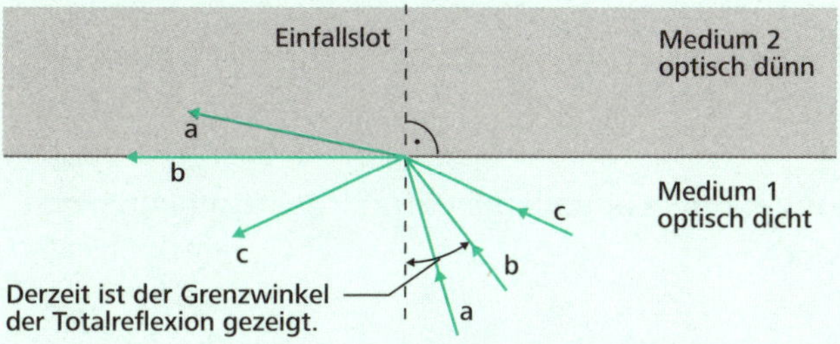

In diesem Fall wird bei $\alpha = 49°$ der größtmögliche Brechungswinkel $\beta = 90°$ erreicht (der gebrochene Lichtstrahl streift die Grenzfläche, Fall b auf dem Bild). Der zugehörige Einfallswinkel α wird als **Grenzwinkel** α_{grenz} bezeichnet. Vergrößert man den Einfallswinkel $\alpha > \alpha_{grenz}$, so wird das Licht nicht mehr gebrochen (es tritt nicht in das dünnere Medium ein, Fall c auf dem Bild), sondern es wird an der Grenzfläche *vollständig* reflektiert. Man spricht von **Totalreflexion** – es gilt das Reflexionsgesetz. Die Grenzfläche zur Luft wirkt dann wie ein Spiegel.

Von der Totalreflexion macht man bei vielen optischen Geräten Gebrauch. Die modernen Lichtfaserkabel, die Telefongespräche und Fernsehprogramme übertragen, geben die Information durch Licht weiter, das von der Wandung des Kabels zurück ins Kabel totalreflektiert wird und so das Kabel nicht verlassen kann.

Totalreflexion tritt nur unter folgenden Bedingungen auf:

1. bei einem Übergang des Lichts von einem optisch dichteren nach einem optisch dünneren Medium,
2. wenn der Einfallswinkel größer ist als ein Grenzwinkel, der von der Brechzahl abhängt.

Überprüfe hier, ob das Wissen sitzt

1 a Wie lautet das Brechungsgesetz in mathematischer Form?

b Welche Bedingung erfüllen einfallender Strahl, gebrochener Strahl und das Einfallslot?

____

____

2 Ergänze den Text.

Bei einem Lichtübergang von Luft nach Wasser ist der Brechungswinkel ____________________ als der Einfallswinkel; bei einem Übergang von Wasser nach Luft ist er ____________________.

3 Bei der Totalreflexion wirkt die Grenzfläche wie ein Spiegel. Unter welchen Bedingungen tritt Totalreflexion auf?

____

____

____

____

4 In der Karibik fischen Einheimische, indem sie auf einem Pfahl sitzen und mit einem Speer vorbeischwimmende Fische harpunieren. Warum würde uns das vermutlich nicht gelingen?

5 Erkläre die Wirkungsweise eines Lichtfaserkabels.

1 a $\frac{\sin\alpha}{\sin\beta}$ = konstant = n (Brechzahl)
b Einfallender Strahl, gebrochener Strahl und das Einfallslot liegen in einer Ebene.

2 Bei einem Lichtübergang von Luft nach Wasser ist der Brechungswinkel kleiner als der Einfallswinkel; bei einem Übergang von Wasser nach Luft ist er größer.

3 Bei einem Übergang des Lichtstrahls von einem optisch dichteren Medium in ein optisch dünneres und wenn der Einfallswinkel einen bestimmten Grenzwert überschreitet.

4 Durch eine Brechung des Lichts (Wasser → Luft) sehen wir den Fisch an einer anderen Stelle, als er tatsächlich ist; der Fisch erscheint uns weniger tief im Wasser zu schwimmen. Die einheimischen Fischer der Karibik haben gelernt, diese optische Täuschung zu korrigieren.

5 Bei Lichtfaserkabeln ist eine (biegsame) Glasfaser von einem optisch dünneren Material (= von kleinerer Brechzahl) umhüllt. Dadurch wird Licht innerhalb der Glasfaser, das schräg auf die Wandungen trifft, totalreflektiert und folgt so – im großen Ganzen – der Längsachse des Kabels.

37

Bilder einer Lochkamera

Steht eine Kerze in einigen Zentimetern Abstand vor einer Wand, so erhellt sie diese, man sieht jedoch kein irgendwie geartetes Bild der Kerze auf der Wand. Die von den unzählig vielen Lichtpunkten der Kerze ausgehenden Lichtbündel durchdringen einander und erzeugen auf der Wand „Kleckse", die sich überdecken. Soll ein Bild entstehen, so müssen die Kleckse in einer geordneten Form nebeneinander zu liegen kommen.

Gezeichnet sind nur zwei von der Kerzenflamme ausgehende Lichtbündel 1 und 2.

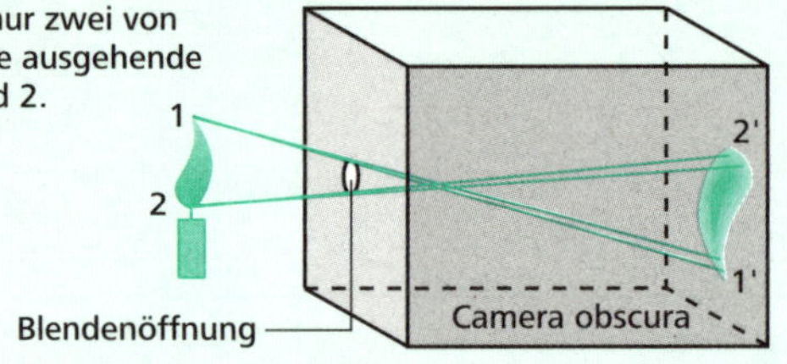

In der einfachsten Weise bewerkstelligt man das mit einer Lochblende zwischen Kerze und Wand. Den Effekt kann man gelegentlich in einem verdunkelten Zimmer *(Camera obscura)* beobachten, wenn durch eine kleine Öffnung Licht von der Außenwelt hereinkommt.
Auch aus einer allseitig geschlossenen Pappschachtel, bei der in eine Seitenfläche ein kleines Loch eingestochen wurde, lässt sich eine **Lochkamera** (ohne Linsen!) bauen. Je kleiner die Öffnung, desto schärfer wird das Bild, da die Lichtkleckse kleiner werden und sich weniger überlappen. Gleichzeitig wird jedoch die Kamera lichtschwächer, da weniger Licht durch die Öffnung kommt. Der Vorteil der Lochkamera: Sie benötigt keine Schärfeeinstellung!

WISSEN • WISSEN • WISSEN • WISSEN • WISSEN • WISSEN

Überprüfe hier, ob das Wissen sitzt

1 Wenn man von einem leuchtenden Gegenstand auf einem Schirm ein optisches Bild erhalten will, muss man eine Lochblende dazwischenstellen. Warum erhält man nur bei kleinen Öffnungen in der Blende ein erkennbares Abbild des Gegenstands?

2 a Welchen Vorteil hat eine Lochkamera gegenüber einer Kamera mit Linsen?

b Welchen Nachteil muss man in Kauf nehmen?

3 Fast alle modernen Kameras haben ein Zoom-Objektiv, um ferne Gegenstände größer abzubilden. Wie könnte man auch mit einer Lochkamera „zoomen"?

1 Weil bei einer Lochkamera (divergente) Lichtbündel durch die Blendenöffnung treten, die auf dem Schirm „Kleckse" hinterlassen. Je kleiner die Öffnung, desto schmaler sind diese Lichtbündel und die „Überlappung" dieser Kleckse ist kleiner.

2 a Bei der Lochkamera gibt es keine Einstellung der Schärfe. Je kleiner die Öffnung, desto deutlicher sind die Bilder.

b Die Bilder sind immer etwas unscharf und sehr lichtschwach.

3 Indem man den Abstand der Lochblende vom Bildschirm (– Bildweite) variiert.

38

Spiegelbilder

Wer in einen Spiegel blickt, sieht sein *Spiegelbild.* Wo ist der Ort dieses Bildes – im Spiegel oder dahinter?

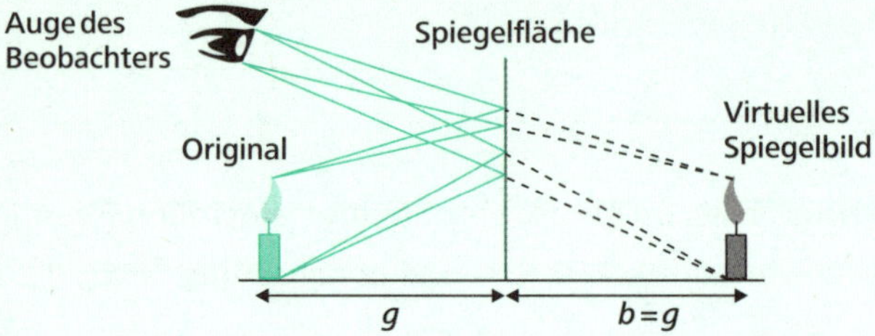

Fällt ein Lichtbündel, das von einem leuchtenden Punkt eines Gegenstands ausgeht, auf eine Spiegelfläche, so werden alle Strahlen so reflektiert, wie es das Reflexionsgesetz beschreibt. Unser Bild für die Randstrahlen zeigt, dass ein divergentes Lichtbündel nach der Reflexion weiterhin divergent bleibt. (Es wird sogar noch weiter auseinander laufen, deshalb kann kein reelles Bild vor dem Spiegel aufgefangen werden). Fällt jedoch ein Teil des Lichtbündels in das Auge des Betrachters, so verfolgt er (unwillkürlich) die Strahlenrichtung in geradliniger Weise und sucht an ihrem Schnittpunkt (an der Spitze des Strahlenkegels) den Ort des Gegenstands. Wie das Bild zeigt, liegt dieser Punkt hinter dem Spiegel. Wir sehen deshalb ein virtuelles Spiegelbild mit genau dem Abstand *hinter* dem Spiegel „im Raum schweben“, den wir selbst zum Spiegel haben. Auch an gekrümmten Spiegelflächen wird das Licht reflektiert und es entstehen Spiegelbilder.

Für Rückspiegel bei Fahrzeugen verwendet man gerne **Wölbspiegel** *(Konvexspiegel),* in denen man in verkleinerter Weise einen umfassenden „Rückblick“ hat. Es ist ein virtuelles Bild. In Rasierspiegeln oder manchen Kosmetikspiegeln kann man sich vergrößert betrachten. Diese Spiegel sind **Hohlspiegel** *(Konkavspiegel),* deren Wölbung nach innen verläuft. Man darf allerdings nicht zu weit vor dem Spiegel stehen, wenn man sein vergrößertes (virtuelles) Bild sehen will.

Überprüfe hier, ob das Wissen sitzt

1 Spiegelbilder an ebenen Spiegeln kann man auf keinem Schirm auffangen, man sagt, sie seien *virtuell.* Wo sieht man sich vermeintlich beim Blick in einen Spiegel?

2 Welche Entfernung muss man an einem Fotoapparat einstellen (wenn dieser keinen Autofocus hat) und man sein Spiegelbild fotografieren will?

3 Was ist beim virtuellen Spiegelbild vertauscht: oben/unten, links/rechts?

4 Wie sind die Spiegelflächen bei einem Rückspiegel, wie bei einem Rasierspiegel?

1 Man hat den Eindruck, als ob man hinter dem Spiegel steht.
2 Den doppelten Abstand zum Spiegel.
3 Vertauscht sind links/rechts. Es wirkt, als ob unser Zwilling gegenüberstünde und uns ansehe.
4 Rückspiegel: konvex (Wölbung nach außen)
Rasierspiegel: konkav (Wölbung nach innen)

Bilder mit Linsen

Fast alle optischen Geräte enthalten mehrere Linsen – Glaskörper in „linsenförmiger" Gestalt. An jeder ihrer Grenzflächen zur umgebenden Luft tritt Lichtbrechung auf. Diesen Glaskörpern hat man durch Schleifen eine Form gegeben, sodass auffallende Lichtbündel nach der Brechung die erwünschte Richtung haben. Einfache Linsen sind um die *optische Achse* (= Achse durch den Mittelpunkt der Linse) rotationssymmetrisch. Daher genügt es, eine Schnittebene durch die optische Achse zu betrachten.

Sammellinsen

Sammellinsen (sie werden auch als **Konvexlinsen** bezeichnet) „bündeln" das Licht; ihr Glaskörper ist in der Mitte dicker als am Rand. Bei einer Linse oder einem Brillenglas stellt man dies fest, indem man Linse oder Brille in das parallele Sonnenlicht hält und überprüft, ob sich das Licht auf einen Punkt konzentrieren lässt. Vorsicht: In diesem **Brennpunkt** ist die Temperatur so hoch, dass Gegenstände eventuell entzündet werden!

Brechung eines Parallellichtbündels an einer Sammellinse

Auf dem Bild sind die Randstrahlen eines parallelen Lichtbündels zu sehen sowie der sogenannte **Mittelpunktstrahl**, der nach der ersten Brechung durch den Linsenmittelpunkt *M* geht. Es ist zu beachten, dass jeder Randstrahl bei den beiden Brechungen im gleichen Richtungssinn gebrochen wird und dass der *Mittelpunktstrahl* seine ursprüngliche Richtung – etwas parallel versetzt – beibehält. Weitere Parallellichtbündel unter anderen Einfallswinkeln werden ebenfalls gebündelt. Der Schnittpunkt der nach der Brechung konvergenten Lichtbündel liegt stets in einer gemeinsamen Ebene, der sogenannten **Brennebene**. Ihr Abstand zur Mittelebene der Linse wird **Brennweite** genannt. Die *Brennweite* einer Linse hängt von den Krümmungsradien und der Brechzahl der verwendeten Glassorte ab.

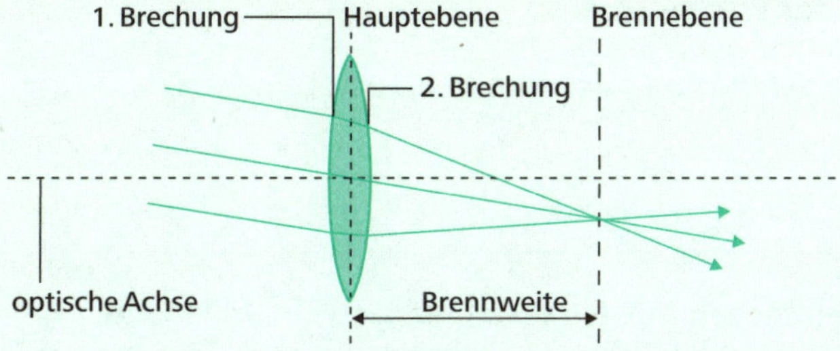

Wir wollen nun eine zeichnerische Vereinfachung einführen, die für (im Vergleich zu ihrem Durchmesser) dünne Linsen Ergebnisse liefert, die mit der Wirklichkeit genügend genau übereinstimmen (vgl. mit der Abb. auf S. 124). Die Lichtstrahlen werden zweimal mit gleichem Richtungssinn gebrochen, daher kann man mit folgendem Modell Linsenbilder konstruieren:

Man zeichnet den einfallenden Lichtstrahl *geradlinig* durch bis zur Mittelebene der Linse – die auch als *Hauptebene* bezeichnet wird – und fügt dort den gebrochenen Strahl an. Die zweimalige Brechung an den Grenzflächen wird durch einen einmaligen Knick an der Hauptebene der Linse ersetzt! Da die *Glasoberflächen* der Linse dann keine Bedeutung mehr haben, werden diese in einer Zeichnung meist weggelassen (oder nur noch an den Enden angedeutet). Man zeichnet lediglich die Hauptebene der Linse, die optische Achse und die beiden *Brennpunkte* ein.

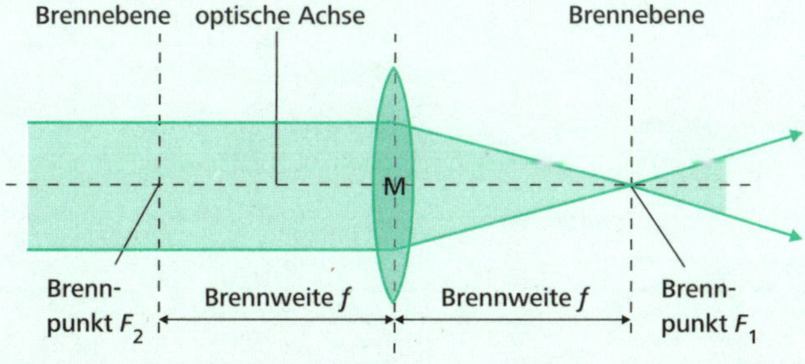

Nach der Brechung gehen alle Strahlen durch einen Punkt der optischen Achse. Dieser Schnittpunkt der Brennebene mit der optischen Achse wird als Brennpunkt F (oder als Focus) bezeichnet. Da die Linse auch umgedreht werden kann, besitzt sie – symmetrisch zu M – einen weiteren Brennpunkt.

Überprüfe hier, ob das Wissen sitzt

1 Wie müssen Linsen beschaffen sein, damit sie Licht bündeln?

2 Wie lässt sich mit einfachen Mitteln feststellen, ob ein Brillenglas konvex oder konkav geschliffen ist?

3 Beschrifte den skizzierten Strahlenverlauf eines Parallellichtbündels beim Durchgang durch eine Konvexlinse.

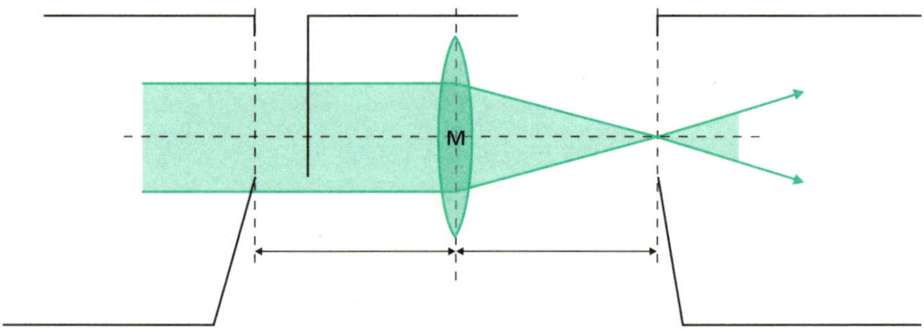

4 Wovon hängt die Brennweite einer Sammellinse ab?

5 Auch bei der Brechung an Linsen gilt der Satz von der Umkehrbarkeit des Lichtwegs (s. S. 106). Bei manchen Taschenlampen besteht die Frontscheibe aus einer Konvexlinse. Durch Drehung ihrer Fassung kann der Abstand zum Lämpchen verändert werden. Welchen Abstand zur Linsenmitte sollte der Glühfaden des Lämpchens haben, wenn man ein möglichst paralleles Lichtbündel erhalten möchte?

6 Als Geschenk- oder Dekorationsartikel kann man größere Glaskugeln kaufen, die man an einem Faden vor die Fensterscheibe hängen kann. Warum sollte man hierbei eine gewisse Vorsicht walten lassen?

1 Sie müssen konvex sein, d. h. in der Mitte dicker als am Rand.
2 Man hält das Glas in das Sonnenlicht und sucht einen Brennpunkt.
3 Vergleiche deine Eintragungen mit der Abbildung auf S. 121.
4 Von den Krümmungsradien der konvexen Linsenflächen und von der Brechzahl der verwendeten Glassorte.
5 Der Abstand sollte gleich der Brennweite der Linse sein.
6 Diese Glaskugeln haben eine brechende Wirkung wie eine Sammellinse kurzer Brennweite. Wird z. B. ein Vorhang vorgezogen, ist es möglich, dass auf ihn ein Brennpunkt fällt und es bei Sonneneinfall zu einem Brand kommt.

Die Methode der Dreistrahlen-Konstruktion

Bei dieser Methode gelten folgende Regeln zur Konstruktion von optischen Bildern mit Sammellinsen: Da der Durchmesser der Linse für die Konstruktion der Linsenbilder keine Rolle spielt, können wir die Hauptebene der Linse in der Skizze beliebig groß zeichnen bzw. uns beliebig groß denken.

- Ein *achsenparallel einfallender Strahl* (1) – er läuft parallel zur optischen Achse – wird derart gebrochen, dass er zu einem Brennstrahl wird. (Er geht anschließend durch den jenseitigen Brennpunkt der Linse.)
- Ein *Mittelpunktstrahl* (2) – er läuft durch den Mittelpunkt der Linse – geht praktisch ungebrochen hindurch. (Er wird etwas parallel versetzt. Dies kann bei dünnen Linsen vernachlässigt werden.)
- Ein *Brennstrahl* (3) – er geht durch den diesseitigen Brennpunkt – wird nach der Brechung zu einem *achsenparallelen Strahl.* Er verkörpert die Umkehrung zu (1).

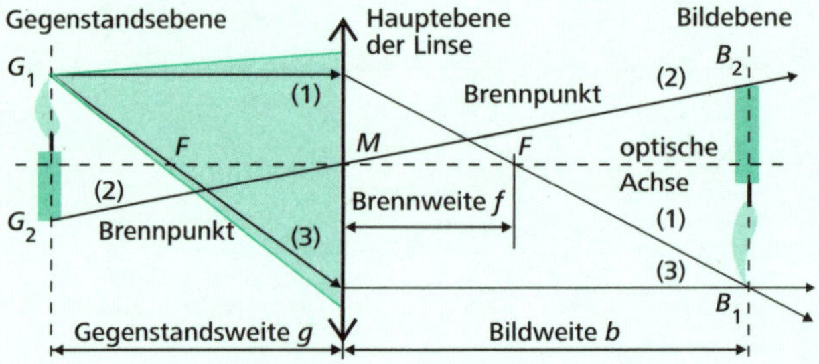

Dabei ist es für die Konstruktion unwichtig, ob die verwendeten Strahlen tatsächlich durch die Linse gehen, doch muss für ein reelles Bild die Gegenstandsweite g größer als die Brennweite f sein. Zur Bildkonstruktion markieren wir bei dem leuchtenden Gegenstand (auf dem Bild eine Kerze) zwei Gegenstandspunkte G_1 und G_2; ihr Abstand kennzeichnet die **Gegenstandsgröße G**.

Um den zu G_1 zugehörigen Bildpunkt B_1 zu erhalten, wählen wir aus dem in der Skizze farbig unterlegten Lichtbündel zwei besondere Strahlen aus: einen Parallelstrahl (1) und den Brennstrahl (3), für die wir nach den angeführten Regeln (1) und (3) die gebrochenen Strahlen konstruieren können. Der Schnittpunkt der beiden gebrochenen Strahlen liefert den gesuchten Bildpunkt B_1.

Damit kennen wir auch die Bildebene – eine Ebene durch B_1, orthogonal zur optischen Achse –, auf der alle weiteren Bildpunkte liegen, also auch B_2. Am einfachsten gewinnen wir jetzt B_2, indem wir von G_2 aus einen Mittelpunktstrahl zeichnen, der bekanntlich geradlinig die Linsenmitte durchsetzt. Sein Schnittpunkt mit der Bildebene ist B_2.
Damit sind die Ausmaße des Bilds bekannt; die Länge der Strecke $\overrightarrow{B_1B_2}$ nennt man **Bildgröße B**.
Aus der Konstruktionsskizze kann der Abbildungsmaßstab A entnommen werden:

$$A = \frac{B}{G} = \frac{b}{g}.$$

Überprüfe hier, ob das Wissen sitzt

1 Den Verlauf von Lichtbündeln bei der Brechung an Linsen kann man anhand einer Dreistrahlen-Konstruktion zeichnerisch konstruieren. Wie lauten die drei Regeln dieser Konstruktionsvorschrift? Ergänze den Text.

a Ein achsenparallel einfallender Strahl wird ______________________

____

____

b Der Mittelpunktstrahl geht ______________________

____

____

c Ein Brennstrahl wird ______________________

____

____

2 Wende diese Regeln in dieser Skizze an und konstruiere damit den Ort, wo ein optisches Bild der Kerze auf einem Schirm aufzufangen wäre.

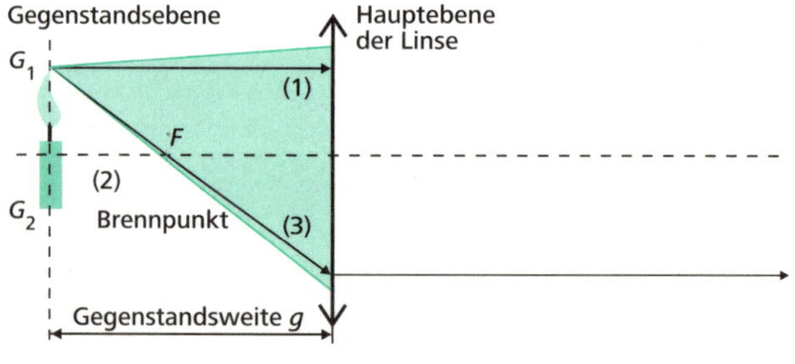

3 Welche Bedingung muss erfüllt sein, damit man mit einer Sammellinse ein reelles, d.h. ein auf einem Schirm auffangbares Bild erhält?

____

____

4 Wodurch wird der Abbildungsmaßstab $\frac{B}{G}$ festgelegt?

____

____

5 Warum geht der Mittelpunktstrahl ungebrochen durch eine Linse?

____

____

6 Warum zeigen die beiden Regeln 1 a und 1 b eine gewisse „Symmetrie"?

____

____

1 a Ein achsenparallel einfallender Strahl wird nach dem Durchgang durch die Linse zu einem Brennstrahl.
b Der Mittelpunktstrahl geht ungebrochen durch die Linse.
c Ein Brennstrahl wird nach dem Durchgang durch die Linse zu einem achsenparallelen Strahl.
2 Vergleiche dein Ergebnis mit der Abbildung auf S. 124.
3 Die Gegenstandsweite g muss größer als die Brennweite f sein.
4 Durch das Verhältnis von Bildweite und Gegenstandsweite $\frac{b}{g}$.
5 Der Mittelpunktstrahl trifft und verlässt jeweils senkrecht die Glasflächen der Linse.
6 Die Symmetrie beruht auf der Regel von der prinzipiellen Umkehrbarkeit eines Lichtwegs.

41

Gegenstandsweiten und Abbildungsgesetz

Für Gegenstandsweiten g kleiner als die Brennweite f der Linse liefert die Dreistrahlen-Konstruktion divergierende Lichtbündel; es entsteht also kein reelles Bild. Das virtuelle Bild auf der Seite des Gegenstands kann jedoch mit dem Auge wahrgenommen werden.

Fall*	Gegenstands-weite g	Bildweite b	Bild	Anwendung
1	$g > 2f$	$f < b < 2f$	reell, $B < G$	Fotoapparat
2	$g = 2f$	$b = 2f$	reell, $B = G$	Kopierer
3	$f < g < 2f$	$b > 2f$	reell, $B > G$	Diaprojektor
4	$g < f$	($b < 0$)	virtuell, vergrößert	Lupe

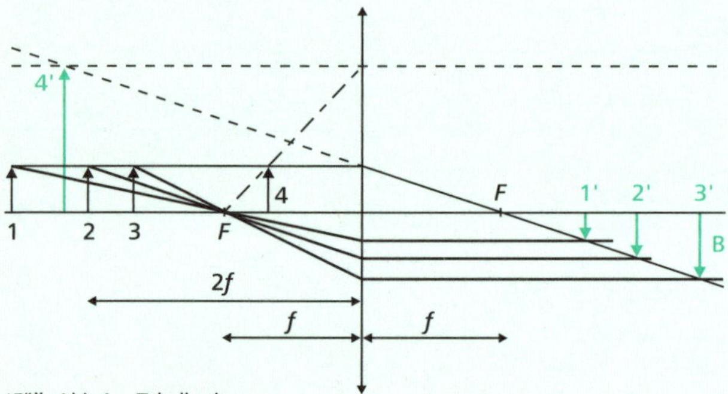

*Fälle 1 bis 4, s. Tabelle oben

Abbildungsgesetz (Linsenformel)

Den mathematischen Zusammenhang zwischen den drei Streckenlängen Bildweite b, Gegenstandsweite g und der Brennweite f einer Linse kann man an einer Dreistrahlen-Konstruktion ableiten. Strahlensätze der Mathematik ergeben für das Verhältnis von Streckenlängen die Gleichung (1), woraus durch Umformungen die Gleichungen (2) und (3) gewonnen werden:

(1) $f : (g - f) = (b - f) : f$ (2) $(g - f)(b - f) = f^2$ (3) $\frac{1}{g} + \frac{1}{b} = \frac{1}{f}$

Die Letztere kann dann jeweils nach einer der gesuchten Größen b, g oder f aufgelöst werden.

Überprüfe hier, ob das Wissen sitzt

a Berechne mithilfe der Linsenformel die Bildweite *b*, wenn ein Gegenstand im Abstand $g = 200\,\text{cm}$ mit einer Linse der Brennweite $f = 10\,\text{cm}$ scharf abgebildet werden soll.

b Bei welcher Bildweite *b* wäre die Bildgröße *B* gleich groß wie die Gegenstandsgröße *G*, der Abbildungsmaßstab also 1 : 1?

---

a 10,5 cm

b Aus $\frac{B}{G} = \frac{b}{g} = 1$ folgt $b = g = 200\,\text{cm}$

Das Auge

Unser Auge ist – physikalisch gesehen – ein optisches Gerät, in dem (ähnlich einem Fotoapparat) verkleinerte, reelle Bilder unserer leuchtenden Umwelt auf die Netzhaut im Augapfel projiziert werden. Dabei besitzt es – wie teure Fotoapparate auch – mit der veränderlichen Pupillenöffnung eine „automatische Blende". Diese Fähigkeit wird als **Adaption** bezeichnet. Durch die variable Brennweite der Augenlinse wird eine „automatische Schärfeeinstellung" bewirkt. Diese Fähigkeit wird Akkommodation genannt.

Schematische Darstellung des menschlichen Auges

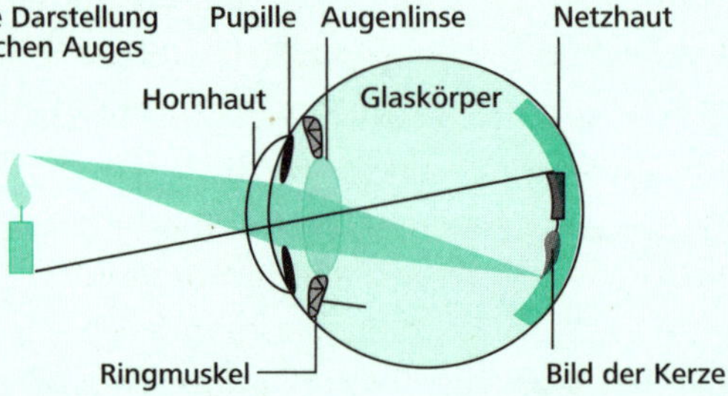

Das menschliche Auge ist ein nahezu kugelförmiger Körper mit einer kreisrunden, lichtdurchlässigen Öffnung, der *Pupille*. Die nach außen gekrümmte *Hornhaut* bildet die Grenzfläche zwischen der Luft und der Augenflüssigkeit und ist eine Sammellinse. Ihre lichtbündelnde Wirkung wird durch die dahinter liegende Augenlinse verstärkt. Diese Linse ist elastisch und kann durch einen sie umgebenden Ringmuskel in ihrer Krümmung verändert werden.
Im entspannten Zustand des Auges ist die Linse schwach gekrümmt; wir sehen weit entfernte Gegenstände scharf. Wollen wir dagegen Gegenstände in unserer Nähe betrachten, so müssen wir die Linse stärker krümmen – die Brennweite verkleinern. Nach der Brechung an Hornhaut und Linse gelangt das Licht durch den Glaskörper auf die *Netzhaut* des Auges, die lichtempfindliche Sinneszellen (Stäbchen für das Hell-Dunkel-Sehen und Zäpfchen für das Farbensehen) enthält.

Augenfehler und Brillengläser

Mit zunehmendem Alter verliert die Augenlinse nach und nach ihre Elastizität. Dadurch wird die Möglichkeit der **Akkommodation** eingeschränkt. Es gibt aber auch angeborene Augenfehler. So kann der Augapfel einige Millimeter kürzer oder länger sein als die üblichen 24 mm. In all diesen Fällen kann die Bildebene nicht auf die Fläche der Netzhaut gebracht werden; man sieht unscharf. Mit Brillen kann man – in gewissen Grenzen – diese Mängel korrigieren.

Wer **kurzsichtig** ist, kann eventuell noch ohne Brille lesen. Weit entfernte Gegenstände nimmt er nur verschwommen wahr, da die Bildweite seines Auges kleiner als der Abstand von der Hornhaut zur Netzhaut ist, auch wenn seine Augenlinse die ihr mögliche geringste Krümmung annimmt. Eine Brille mit Zerstreuungslinsen kann hier helfen.

Bei **Weitsichtigkeit** ist es gerade umgekehrt, der Augapfel ist verkürzt oder die Augenlinse kann nicht mehr genügend gekrümmt werden. Hier unterstützt eine Brille mit Sammellinsen die lichtbündelnde Wirkung der „natürlichen“ Linsen, sodass die Brennweite insgesamt verkleinert wird.

Augenoptiker geben die „Stärke“ eines Brillenglases in *Dioptrien* (abgekürzt: dpt) an. Statt der Brennweite f benützen sie dessen Kehrwert $D = \frac{1}{f}$, der als Brechwert bezeichnet wird.

Für seine Einheit gilt: $1\,\text{dpt} = \frac{1}{\text{m}} = \frac{1}{\text{Meter}}$.

Eine Sammellinse von $f = 0{,}25\,\text{m}$ Brennweite hat einen Brechwert von

$D = \frac{1}{0{,}25\,\text{m}} = +4\,\text{dpt}$. Zerstreuungslinsen erhalten negative Brechwerte.

42

Überprüfe hier, ob das Wissen sitzt

1 Unser Auge besitzt für den Sehvorgang zwei bemerkenswerte Fähigkeiten: Adaption und Akkommodation. Erkläre die beiden Begriffe und gib an, wie sie bei unserem Auge verwirklicht sind.

2 Was versteht man unter Weitsichtigkeit?

3 Mit welchen Brillengläsern kann einem Weitsichtigen geholfen werden?

4 Welche Brennweite besitzt ein Brillenglas mit dem Brechwert +2 dpt?

5 Für wen ist ein Brillenglas von –1 dpt gedacht?

6 Warum kommt es mit zunehmendem Alter zur sogenannten „Alters-weitsichtigkeit"? Welche Eigenschaft der Augenlinse spielt dabei eine Rolle?

1 Unter Adaption versteht man eine Anpassung an unterschiedliche Lichtverhältnisse. Hierzu kann sich unsere Pupillenöffnung ändern (wie die Blende an einem Fotoapparat).
Unter Akkommodation versteht man die Fähigkeit, scharfe Bilder auf die Netzhaut zu projizieren. Dazu besitzen wir eine Augenlinse mit variabler Brennweite, die sich (gemäß der Linsenformel) den verschiedenen Gegenstandsweiten anpasst.

2 Mit Weitsichtigkeit bezeichnet man eine Augenschwäche, bei der man nahe Gegenstände nur unscharf sieht.

3 Eine Brille mit konvexen Gläsern kann (begrenzt) helfen.

4 $f = 50\,\text{cm}$

5 Brillengläser mit negativen Dioptrien sind zerstreuend und für Kurzsichtige hilfreich.

6 Mit dem Alter verliert die Augenlinse ihre Elastizität und kann sich nicht mehr genügend krümmen. Da die Bildweite durch die Länge des Augapfels festgelegt ist, erfordern kleine Gegenstandsweiten auch kleine Brennweiten. Dies wird beim jüngeren Auge durch eine stärkere Krümmung der Linse bewerkstelligt.

43

Fotoapparat; Dia- und Arbeitsprojektor

Fotoapparat

Klassische Fotoapparate enthielten in einem lichtundurchlässigen Gehäuse einen Mechanismus für den Filmtransport, einen Verschluss, der sich für Bruchteile von Sekunden öffnen lässt, und als wichtigstes optisches Bauteil ein **Objektiv**, das neben Linsen auch eine Blendenvorrichtung enthält. Das Objektiv einer Kamera hat auch heute noch die Aufgabe, auf dem optischen Chip ein reelles optisches Bild zu erzeugen. In den einfachsten Kameras *(Box)* genügt dazu eine einzige Sammellinse.

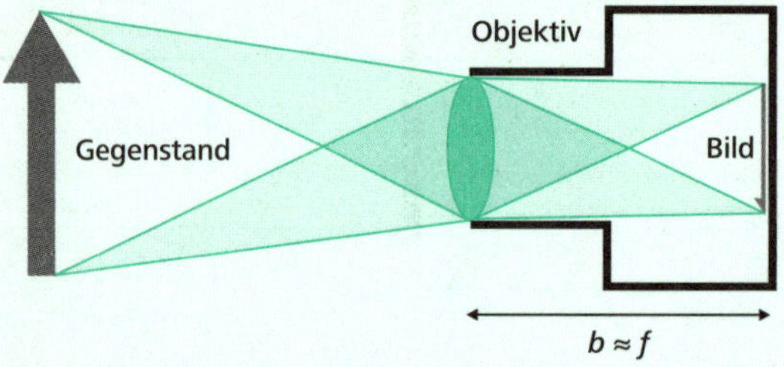

Damit ein scharfes Foto entsteht, muss stets der Abstand von der Objektivlinse zur Chipebene gleich der Bildweite b sein. Diese Distanz hängt, neben der Brennweite f, von der Gegenstandsweite g ab. Deshalb haben fast alle Kameras (von den einfachsten mit *Fixfocus* abgesehen) eine Entfernungseinstellung. Durch Drehen an einem Ring kann – entweder per Hand oder automatisch durch einen Motor *(Autofocus)* – die Bildweite verändert werden.

WISSEN • WISSEN • WISSEN • WISSEN • WISSEN • WISSEN • WISSEN

Dia- und Arbeitsprojektor

Dia- und Arbeitsprojektoren (auch als *Overheadprojektoren* bezeichnet) projizieren mithilfe eines Objektivs (das heute immer aus mehreren Linsen besteht) Bilder von transparenten Vorlagen auf eine Wand. Um möglichst helle Bilder zu erhalten, haben die Projektoren sehr leuchtstarke Lampen, deren Wärme durch eine Kühlvorrichtung abgeführt werden muss. Für eine gleichmäßige Ausleuchtung des Dias oder der Folie wird das rückwärtige Licht der Lampe per Hohlspiegel gebündelt und durch eine *Kondensorlinse* parallel gerichtet.

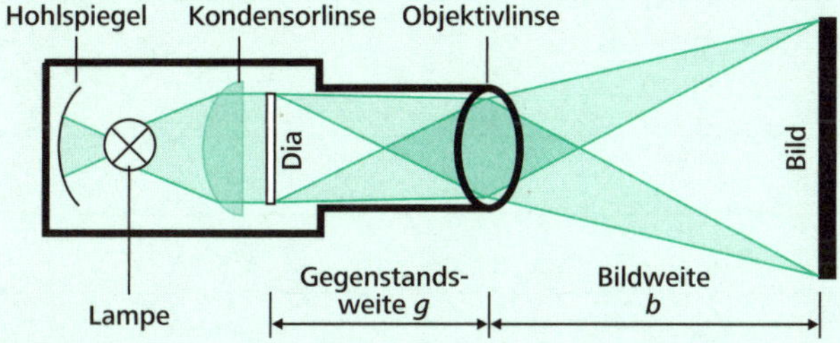

Bei einem Arbeitsprojektor wird die Folie waagrecht aufgelegt und der Strahlengang vor dem Objektiv durch einen Umlenkspiegel um 90° gedreht.

Überprüfe hier, ob das Wissen sitzt

1 Nenne die wichtigsten Teile eines klassischen Fotoapparats.

2 Welchen Vorteil besitzen Fotoapparate mit einem Linsenobjektiv im Vergleich zur Lochkamera ohne Linse?

3 Welche Aufgabe kommt der Kondensorlinse in einem Dia- oder Overheadprojektor zu?

4 In einem Kino ist die Entfernung der Linse des Projektors zur Leinwand auf 36 m festgelegt. Ein Filmbild ist 32 mm breit und soll auf die Leinwand in einer Breite von 6,4 m projiziert werden. Welche Brennweite muss die Abbildungslinse besitzen?

5 Ein Dia der Maße 24 x 36 mm soll im Querformat auf eine Leinwand von 1,80 m Breite formatfüllend projiziert werden. In welchem Abstand g muss die Leinwand aufgestellt werden, wenn das Projektionsobjektiv des Diaprojektors 15 cm Brennweite besitzt?

1 lichtundurchlässiges Gehäuse
Mechanismus zum Filmtransport
Verschluss
Objektiv

2 Die auf den Film (oder den lichtempfindlichen Chip) projizierten Bilder sind viel schärfer und lichtstärker.

3 Die Kondensorlinse zwischen Lampe und Dia (oder Folie) sorgt dafür, dass dieses mit parallelem Licht durchstrahlt wird, was für eine gleichmäßige Ausleuchtung erforderlich ist.

4 $g = 0{,}18\,\text{m}$; $f \approx 18\,\text{cm}$

5 Aus dem Abbildungsmaßstab $\frac{B}{G} = \frac{180\,\text{cm}}{3{,}6\,\text{cm}} = 50$ folgt für die Bild- und Gegenstandsweiten: $b = 50g$. Dies in die Linsenformel eingesetzt: $\frac{1}{15}\text{cm} = \frac{1}{b} + \frac{50}{b}$ liefert die Bildweite $b = 765\,\text{cm}$.

44

Lupe und Sehwinkel

Um Gegenstände besser zu erkennen, gehen wir möglichst nahe an sie heran. So vergrößert sich der **Sehwinkel**, das Bild auf der Netzhaut unseres Auges wird größer. Dies ist der Winkel, unter dem uns – vom Augenmittelpunkt aus gesehen – ein vor uns stehender Gegenstand erscheint. Unterschreiten wir dabei den **Nahpunkt**, so sehen wir unscharf bzw. ermüden rasch. – Mit „Nahpunkt" wird die kleinstmögliche Entfernung vom Auge zu einem Gegenstand bezeichnet, bei der wir – ohne Anstrengung der Augenmuskulatur – z. B. kleine Schriften lesen können. Dieser Nahpunkt liegt für Kinder bei etwa 10 cm, für Erwachsene bei 25 cm bis 50 cm.
Bei Unschärfe oder raschem Ermüden hilft eine Lesebrille oder eine **Lupe**, um bei einer Unterschreitung des Nahpunkts den Sehwinkel zu vergrößern. Lupen sind stets Sammellinsen, die die Brechung unserer Augenlinse unterstützen. Sie sollten direkt vor das Auge gehalten werden.
Wie der Eindruck eines vergrößerten Bildes zustande kommt, zeigt schematisch das folgende Bild.

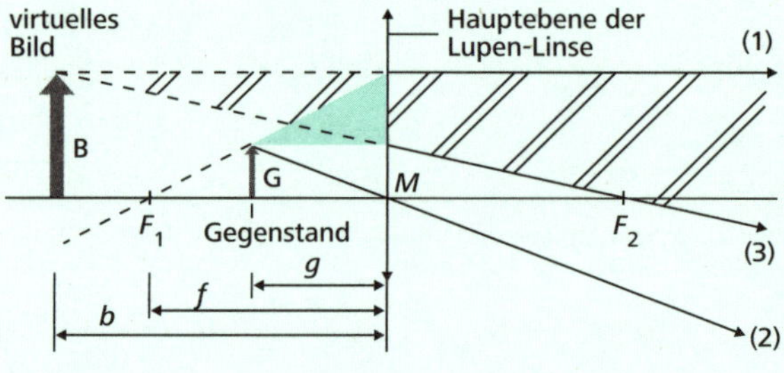

Die Gegenstandsweite ist kleiner als die Brennweite der Linse: $g < f$. Die Dreistrahlen-Konstruktion liefert für den Brennstrahl (1) und den Parallelstrahl (3) nach der Brechung ein noch weiter divergierendes Lichtbündel. Fällt ein Teil dieses Lichtbündels in unser Auge (es ist auf dem Bild nicht eingezeichnet), so suchen wir den Ort des Gegenstands – die Pfeilspitze des Gegenstands – an der Spitze des schraffierten Lichtkegels: Er liegt auf der gleichen Seite der Linse wie der Gegenstand. Beachte die Lage und die Größe des virtuellen Bildes B. Bei einem Blick durch die Linse sieht man das seitenrichtige, vergrößerte Bild des Gegenstands G.
Die Vergrößerung des Sehwinkels einer Lupe lässt sich aus folgender Näherungsformel errechnen:

$$V \approx \frac{25\,\text{cm}}{f}.$$

Überprüfe hier, ob das Wissen sitzt

1 Wenn wir mit der Lupe die Staubgefäße einer Blüte betrachten, können wir kleine Details erkennen. Wodurch entsteht der Vergrößerungseffekt beim Blick durch eine Lupe?

2 Was versteht man unter dem sogenannten *Nahpunkt?*

3 Warum muss man Gegenstände, die man mit einer Lupe betrachten will, ziemlich nahe vor die Lupe halten?

4 Welche Linsen eignen sich für Lupen?

1 Durch die Vergrößerung des Sehwinkels.

2 Diejenige kleinste Entfernung eines Gegenstands, wo wir diesen ohne Anstrengung der Augenmuskulatur (und ohne Lupe) scharf sehen können.

3 Lupenbilder sind virtuelle Bilder; dazu muss die Gegenstandsweite kleiner als die Brennweite gewählt werden: $g < f$.

4 Sammellinsen mit kleiner Brennweite

Fernrohr und Mikroskop

Um kleinste Einzelheiten von Gegenständen erkennen zu können, müssen sie unter einem sehr großen Sehwinkel erscheinen. Mikroskope und Fernrohre (Ferngläser) sind optische Geräte, die den Sehwinkel vergrößern. Beide Geräte bestehen (im Prinzip) aus zwei Sammellinsen. Ein Fernrohr mit zwei Sammellinsen heißt *astronomisches Fernrohr* oder auch **Kepler'sches Fernrohr**. Die dem Objekt zugekehrte Linse des Objektivs erzeugt ein reelles *Zwischenbild* im Tubus des Geräts. Dies wird jedoch nicht auf einen Schirm projiziert, sondern als frei im Raum schwebendes Bild durch eine Lupe (im Okular) betrachtet.

Die Vergrößerung des Sehwinkels geschieht also in zwei Stufen und kann beim Mikroskop einen Faktor bis knapp über 1000 erreichen, bei einem astronomischen Fernrohr bis etwa 300. Vergrößert das Objektiv eines Mikroskops 50-fach und das Okular 10-fach, so beträgt die Gesamtvergrößerung $50 \cdot 10 = 500$.

Eine Sonderform des Fernrohrs ist das *Holländische Fernrohr* (auch als **Galilei'sches Fernrohr** bezeichnet). Bei diesem Typ enthält das Okular eine *Zerstreuungslinse*, es liefert seitenrichtige Bilder. Da jedoch keine allzu großen Vergrößerungen erreicht werden, bleibt sein Einsatz auf wenige Fälle beschränkt (Opernglas). Es hat den Vorteil, dass seine Tubuslänge sehr gering ist und es somit bequem in eine Manteltasche passt.

Bei einem Kepler'schen Fernrohr ist die Tubuslänge gleich der Summe der Brennweiten von Objektiv und Okular: $l = f_{Obj} + f_{Ok}$; beim Galilei'schen Fernrohr beträgt die Länge: $l = f_{Obj} - f_{Ok}$.

Überprüfe hier, ob das Wissen sitzt

1 Im einfachsten Fall besitzen Kepler'sche Fernrohre und Mikroskope zwei Sammellinsen.
Welche Aufgabe fällt der ersten Linse im Objektiv, welche der zweiten im Okular zu? Wodurch vergrößert ein Fernrohr?

____

____

____

____

2 Warum ist ein Kepler'sches Fernrohr mit zwei Linsen z. B. für Tierbeobachtungen wenig, für astronomische Beobachtungen dagegen gut geeignet?

____

____

3 Operngläser besitzen als Okular eine Zerstreuungslinse.
Welchen Vorteil und welchen Nachteil haben diese Ferngläser?

____

____

____

____

1 Die Sammellinse des Objektivs erzeugt ein verkleinertes Zwischenbild innerhalb des Tubus, das über die Okularlinse (als Lupe) betrachtet wird. Dabei ergibt sich eine Vergrößerung des Sehwinkels.

2 Bei Kepler'schen Fernrohren sieht man die Gegenstände seitenvertauscht und auf dem Kopf stehend, was in der Astronomie nicht stört.

3 Vorteile: Man sieht die Objekte nicht seitenvertauscht oder auf dem Kopf stehend. Außerdem haben sie eine kurze Tubuslänge.
Ein Nachteil ist gelegentlich die relativ geringe Vergrößerung des Sehwinkels.

46

Durch Licht wird die Welt farbig

Das Licht der Sonne, aber auch das Licht von Glühlampen bei Nacht erscheint uns weiß (besser: farblos). Fällt ein schmales Lichtbündel farblosen Lichts durch ein Prisma aus Glas, so wird es an jeder Grenzfläche (also zweimal) gebrochen. Dadurch wird es aus seiner ursprünglichen Richtung abgelenkt und „aufgespreizt". In größerer Entfernung erhält man auf einem Schirm ein buntes Lichtband. Diese bei der Brechung auftretende Auffächerung nach Farben wird als **Dispersion** bezeichnet; sie hängt von der Glassorte ab. Gelegentlich kann man sie auch an Glaswaren im Haushalt beobachten, wenn diese Einschliffe haben oder wenn ein Glasteil abgesprungen ist.

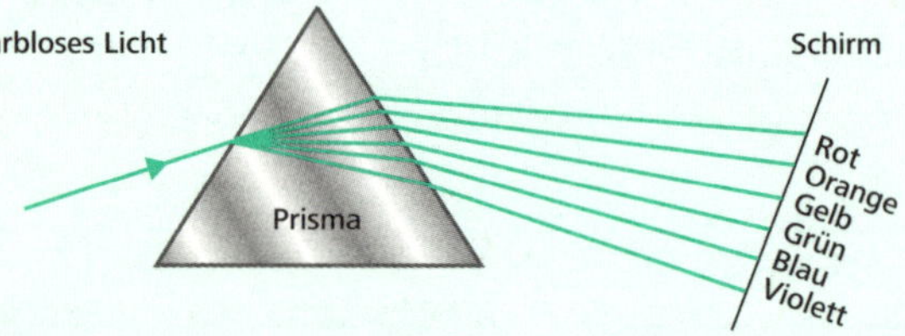

■ Spektrum

Die Farbfolge in diesem Lichtband ist vom Regenbogen her bekannt: Rot, Orange, Gelb, Grün, Blau, Violett (mit fließenden Übergängen). Man nennt es **Spektrum**, die farbigen Lichter darin **Spektralfarben**. Bündelt man diese Spektralfarben mithilfe einer Sammellinse, so erhält man auf dem Schirm einen weißen Fleck. Dieser Versuch zeigt, dass das Licht nicht durch das (farblose!) Glas des Prismas eingefärbt worden sein kann, die farbigen Lichtanteile waren bereits im farblosen Licht enthalten. Farbloses Licht setzt sich aus farbigen Lichtern zusammen; *in unserem Auge* entsteht der farblose Eindruck. Das Spektrum hinter einem Prisma kommt dadurch zustande, dass die im farblosen Licht enthaltenen farbigen Lichter verschieden stark gebrochen werden, rote am wenigsten, violette am stärksten. Führt man ein zweites Prisma durch ein Spektrum, so werden die auffallenden farbigen Lichter zwar gebrochen, jedoch nicht weiter (nach Farben) aufgespalten. Spektralfarben sind **reine Farben**. Die Farben des Regenbogens entstehen durch Brechung (mit Dispersion) des Sonnenlichts an kleinen Wassertröpfchen.

Additive Mischung farbiger Lichter

Wenn man aus einem Farbspektrum eine einzelne Farbe ausblendet und das restliche Licht (mit einer Sammellinse) bündelt, erhält man weiterhin farbiges Licht. Die Farbe dieses *Mischlichts* und die Farbe des ausgeblendeten Lichts bilden ein Paar von **Komplementärfarben**. Unser Auge kann aufgrund des Farbeindrucks nicht entscheiden, welche der Farben rein und welche durch Mischung entstanden ist. Das Mischen *farbiger Lichter* nennt man additive Mischung oder **Farbaddition**. Das farbige Fernsehbild entsteht aus (nur!) drei Grundfarben: Rot, Grün und Blau. Durch additive Mischung der farbigen Lichter in unserem Auge entstehen die weiteren Mischfarben. So entsteht z. B. aus Rot und Grün der Eindruck Gelb, aus allen drei Farben Rot, Grün und Blau wird der Farbeindruck Weiß (farblos).

Subtraktive Mischung von farbigem Licht

Lichtdurchlässige Farbgläser (Farbfilter) „verschlucken" einen Teil der Farben des Spektrums, sie filtern Farben des Spektrums aus. Man bezeichnet dies als **Absorption**. Ein Gelbfilter kann oranges, gelbes und grünes Licht durchlassen; das Mischlicht erzeugt im Auge den Eindruck Gelb. Das Ausfiltern einzelner Farbanteile heißt auch **Farbsubtraktion**. Auch durch Farbsubtraktion lassen sich mit den drei Grundfarben alle weiteren Farbeindrücke herstellen: Die Grundfarben müssen jedoch Mischfarben sein. Farbdias bestehen aus drei Filterschichten (Blaugrün, Purpur, Gelb), in denen durch schrittweise Farbsubtraktion – in Verbindung mit schwarzen Silberkörnchen – letztlich aus weißem Licht die bunten Bilder entstehen.

Die Farben lichtundurchlässiger Körper, die sogenannten **Körperfarben**, entstehen durch Farbsubtraktion. Zum Beispiel absorbiert ein rotes Kleid aus dem auffallenden Tageslicht alle Farben außer Rot, Orange und Gelb. Diese Farben werden gestreut und rufen in unserem Auge ein bestimmtes Rot hervor. Enthält das auffallende Licht diese Farben nicht, wie das bei künstlichem Licht der Fall sein kann, so ändert sich die Farbe des Kleids merklich.

46

Überprüfe hier, ob das Wissen sitzt

1 Auf welche Weise lässt sich zeigen, dass das farblose Sonnenlicht aus vielen farbigen Lichtern besteht?

2 Welchen Farbeindruck hat man, wenn man die farbigen Lichtanteile eines Regenbogens (mit einer Sammellinse) auf einen Punkt konzentriert?

3 Aus welchen Grundfarben besteht ein Fernsehbild? Wie entstehen die weiteren Farben?

4 In vielen Städten werden Fußgängerüberwege mit einem auffallend gelben Licht (aus einer Natriumdampflampe) beleuchtet. In diesem Licht sehen Gesichter gelblich bleich aus. Woran liegt das?

5 Beim Malen mit Wasserfarben werden farbige Pigmente aufgetragen bzw. gemischt. Wie erklärt sich, dass aus einer Mischung von Gelb mit Blau Grün entsteht?

____

____

____

____

____

____

____

1 Wenn man ein Sonnenlichtbündel durch ein Prisma schickt, entsteht auf einem Schirm ein farbiges Spektrum.

2 Werden die Farbanteile des Regenbogenspektrums auf einen Schirmpunkt konzentriert (oder wenn sie dort in kurzen Zeitabständen nacheinander auftreffen), meldet unser Sehsinn den Eindruck weiß, bzw. farblos.

3 Aus Rot, Grün und Blau. Die weiteren Farben entstehen durch additive Farbmischung (durch unseren Sehsinn).

4 Da das Licht aus diesen Lampen ausschließlich Gelb enthält, wird von den beleuchteten Gegenständen auch nur Gelb zurückgestreut. Auch Gesichter erscheinen deshalb fahlgelb.

5 Hier entstehen die Farben durch subtraktive Mischung. Die gelben Pigmente streuen außer Gelb in geringerem Maße auch benachbarte Farben, hier Grün, zurück. Desgleichen enthält auch das Streulicht der blauen Pigmente einen Grünanteil. Alle anderen Farbanteile werden in stärkerem Maße absorbiert

47

Eigenschaften von Dauermagneten

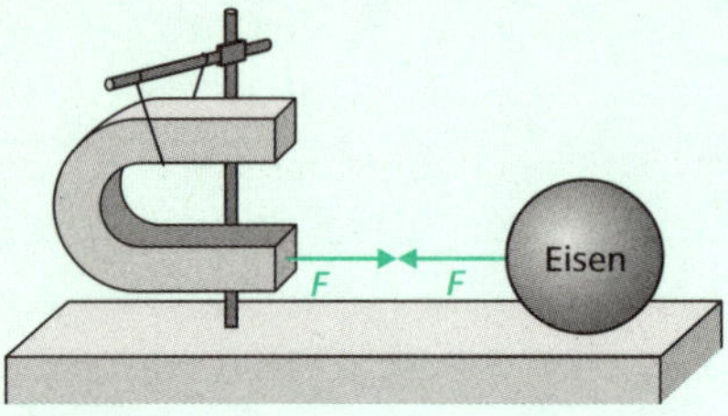

Magnete üben anziehende Kräfte nur auf Körper aus Eisen (Stahl), Nickel oder Kobalt aus; man bezeichnet diese Materialien als **ferromagnetische Stoffe**. Diese Kräfte sind stets wechselseitig. Übt ein Magnet auf ein Eisenstück eine anziehende Kraft aus, so wird auch der Magnet von dem Eisenstück angezogen (mit einer Kraft vom gleichen Betrag!).
Die magnetische Kraft zwischen zwei Körpern nimmt mit zunehmender Entfernung stark ab; so sind oft nach wenigen Zentimetern Abstand die Kraftwirkungen nicht mehr nachweisbar.
Magnetische Kräfte lassen sich durch ein Dazwischenschieben von nicht ferromagnetischen Materialien wie Papier, Holz, Kunststoff, Aluminium, Kupfer etc. nicht beeinflussen. Magnete kann man durch diese Stoffe nicht „abschirmen"; sie benötigen auch zur Übermittlung der Kraft keinen Stoff. Selbst Luft ist nicht notwendig, auch im Vakuum sind die Kräfte wirksam.

■ Pole

An stab- oder hufeisenförmigen Magneten gehen von den Enden besonders große Kraftwirkungen aus. Man bezeichnet diese Stellen als (magnetische) **Pole**. Diese Polstellen treten immer paarweise auf. Auch Magnete in anderen Formen besitzen stets zwei Pole.
Obwohl beide Pole gleich große, anziehende Kräfte auf Eisen ausüben, werden sie doch unterschiedlich bezeichnet. Befestigt man einen Stabmagneten derart, dass er um eine senkrechte Achse durch seinen Mittelpunkt beweglich ist, so dreht er sich, bis seine Längsachse in der Nord-Süd-Richtung zur Ruhe kommt (Prinzip eines Magnetkompasses). Es ist immer das gleiche Ende, das dann nach Norden weist; es wird als **Nordpol** (des Magneten) bezeichnet. Das andere Ende nennt man **Südpol**.

Gleichnamige Pole üben abstoßende Kräfte aufeinander aus, ungleichnamige Pole, wie ein Süd- und ein Nordpol, ziehen einander an.
Haftet der Kopf eines eisernen Nagels am Nordpol eines Magneten, so wird der Kopf zum Südpol (sonst würden beide einander nicht anziehen). Die Spitze des Nagels wird zum Nordpol. Entfernt man anschließend den Magneten, so bleiben die magnetischen Eigenschaften des Nagels für einige Zeit erhalten. Man hat den Nagel „magnetisiert". Dieses **Magnetisieren** gelingt bei vielen Gegenständen aus Eisen (Nadeln, Rasierklingen, Scheren) noch besser, wenn man mit *einem* Pol eines möglichst kräftigen Magneten mehrmals in stets *gleicher Längsrichtung* über den Gegenstand streicht. Dabei verliert der Magnet nichts von seinem Magnetismus. Das Magnetisieren kann also beliebig oft mit beliebig vielen eisernen Gegenständen durchgeführt werden. Viel schwieriger ist es, diese Gegenstände wieder zu entmagnetisieren. Hundertprozentig entmagnetisiert sind Gegenstände, die auf Rotglut erhitzt wurden. Auch starke Erschütterungen zerstören den Magnetismus. Magnete soll man deshalb nicht fallen lassen. Bricht man einen Stabmagneten in der Mitte durch, so erhält man zwei (halb so lange) vollständige Stabmagnete mit jeweils einem Nord- und einem Südpol. Dieses Teilen könnte man noch sehr oft durchführen, ohne dass die Kraftwirkungen der Pole dadurch abnehmen würden. Dieser Versuch unterstützt die Vermutung, dass die Pole im Innern eines Magneten bereits vorhanden sind, ihre Wirkung auf die Umgebung sich jedoch nur an den Enden des Magneten entfalten kann.

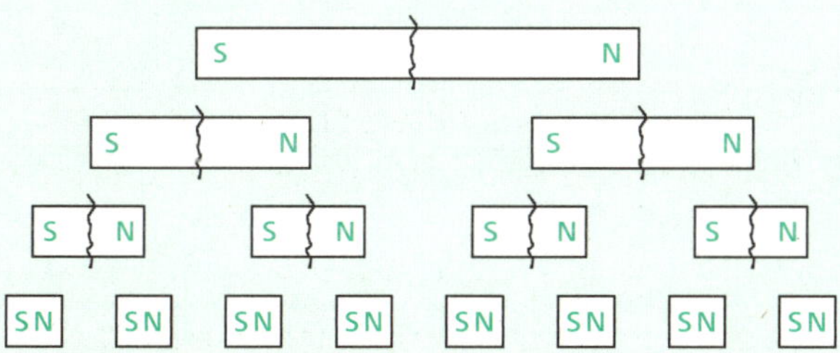

Bringt man die ungleichnamigen Pole zweier (gleich starker) Magnete nahe zusammen, so sind (fast) keine anziehenden Wirkungen auf Eisenteile mehr feststellbar; die magnetischen Wirkungen jedes Einzelpols heben sich gegenseitig auf. Dies erklärt, dass bei einem Stabmagneten nur die Enden (= Pole) magnetisch wirksam sind.

Überprüfe hier, ob das Wissen sitzt

1 Welche Metalle sind ferromagnetisch?

2 Welche Stellen eines Magneten werden als seine Pole bezeichnet?

3 Auf welche Weise erkennt man gleichnamige Pole bei zwei Dauermagneten?

4 Zwei äußerlich vollkommen gleich aussehende zylindrische Metallstäbe liegen auf dem Tisch. Wie kann man herausfinden, welcher der beiden ein Magnet ist?

5 Wie kann man erkennen, welches Ende eines Stabmagneten ein Südpol ist?

6 Auf welche Weise kann man einen zuvor unmagnetischen Eisennagel zu einem Stabmagneten machen?

____

____

____

7 Zerbricht man einen Stabmagneten in mehrere Stücke, so erhält man kleinere, doch stets vollständige Magnete mit zwei Polen.

a Welchen Schluss kann man daraus ziehen?

____

____

b Wie erklärt sich, dass die magnetische Wirkung eines Stabmagneten in seiner Mitte viel schwächer ist als an seinen Enden?

____

____

____

1 Eisen, Nickel und Kobalt
2 Pole sind die Stellen mit stärkster magnetischer Kraft.
3 Wenn sie abstoßende Kräfte aufeinander ausüben.
4 Man streicht mit dem Ende eines Stabs rechtwinklig entlang des anderen Stabes. Ist bei diesem Vorgang die anziehende Kraft stets gleich groß, so hält man einen Magneten in der Hand.
5 Wenn man den Stabmagneten um seine Mitte drehbar lagert, richtet er sich im Magnetfeld der Erde in die Nord-Süd-Richtung aus. Dasjenige Ende, das dann nach Süden zeigt, ist der Südpol des Magneten.
6 Man streicht mehrfach mit einem kräftigen Magneten in immer gleicher Längsrichtung entlang des Nagels.
7 a Dass die sogenannten Elementarmagnete sehr klein und ständig vorhanden sein müssen.
b In der Mitte befinden sich viele Nord- und Südpole der Elementarmagnete in enger Nachbarschaft, wodurch sich ihre magnetischen Wirkungen nach außen hin kompensieren.

Innerer Aufbau von Magneten

Der Magnetismus von ferromagnetischen Materialien hängt mit ihrem inneren Aufbau zusammen. Schon einzelne Eisenatome haben magnetische Eigenschaften. Derartige Atome bezeichnet man auch als **Elementarmagnete**. Jeder Eisenkörper besteht aus größeren Bezirken (bis zu einigen Hundertsteln Millimeter groß), in denen die Elementarmagnete parallel ausgerichtet sind. (Diese Bezirke scheint es in den anderen Metallen wie Kupfer, Aluminium etc. nicht zu geben.)
In einem *unmagnetisierten* Eisenstück sind diese magnetischen Bezirke nun so orientiert, dass sich die magnetischen Wirkungen *nach außen hin* aufheben. Bringt man den Pol eines Stabmagneten in die Nähe, so wachsen diejenigen Bezirke an, die wie der Stabmagnet gepolt sind; die Größe der „falsch gepolten“ Bezirke schrumpft.

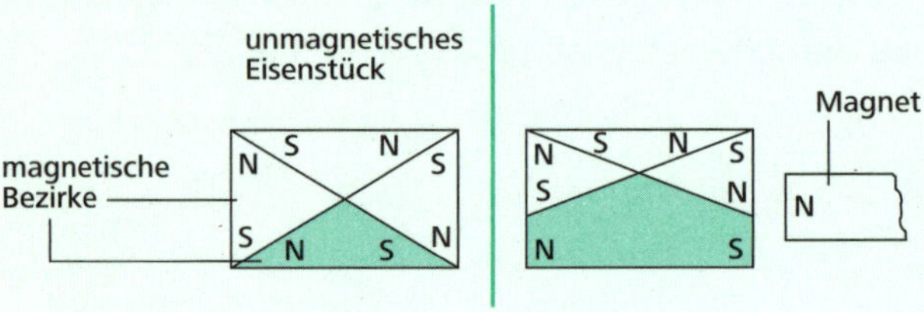

Besonders kräftige und dauerhafte Magnete stellt man heute durch Pressen von ferromagnetischem Pulver her, das in einem starken (Elektro-) Magnetfeld ausgerichtet und dabei in der gewünschten Form gesintert wird (sintern: Zusammenbacken der Pulverteilchen unter Hitzeeinwirkung).

Überprüfe hier, ob das Wissen sitzt

1 Worin unterscheidet sich ein unmagnetisches Eisenstück im Innern von magnetischem Eisen?

2 Wie stellt man heute besonders kräftige Dauermagneten her?

1 In unmagnetischem Eisen weisen die Richtungen der atomaren Elementarmagnet-Dipole in verschiedene Richtungen; die Wirkungen ihrer Pole heben sich nach außen hin auf. In magnetisiertem Eisen sind größere Bezirke mit parallel ausgerichteten Elementarmagneten vorhanden, deren einzelne Wirkungen sich dadurch verstärken.

2 Ferromagnetisches Pulver wird im Magnetfeld eines Elektromagneten ausgerichtet und durch großen Druck zu einem festen Körper gesintert.

49

Das Magnetfeld

Magnete benötigen zur Kraftübermittlung auf einen Körper in ihrer Nähe keinen weiteren Stoff – auch nicht die Luft. Magnete üben also Kräfte auf Körper aus, die sie nicht direkt berühren müssen.
Den Raum um einen Magneten, in dem magnetische Wirkungen zu beobachten sind, bezeichnet man als ein **Magnetfeld**. Mithilfe der folgenden Experimente kann man sich eine Vorstellung von den Kraftwirkungen in einem Magnetfeld machen:
Führt man eine kleine drehbar gelagerte Magnetnadel (Kompass) durch den Raum in der Umgebung zweier Pole eines Magneten, so dreht sich die Magnetnadel um einige Winkelgrade. Skizziert man (z. B. auf einem untergelegten Papier) in möglichst vielen Punkten die Stellung der Magnetnadel, so scheint es, als ob die Nadel entlang einer (unsichtbaren) Linie von einem Pol zum anderen Pol des Magneten geführt worden wäre.

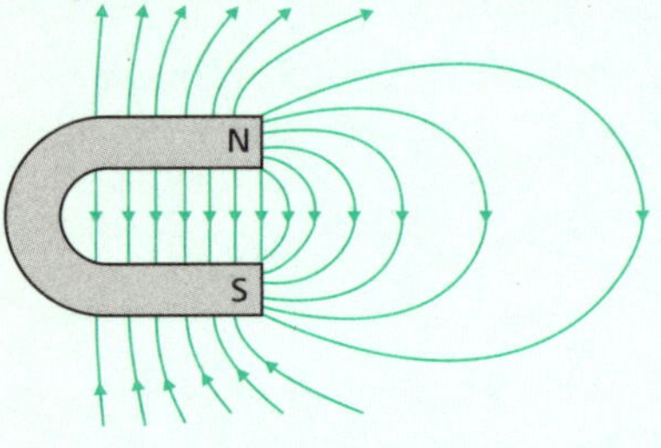

Legt man einen Magneten unter eine Glasplatte und bestreut diese mit kleinen Eisenfeilspänen, so bilden diese Eisenspäne Ketten (oder Bärte), hinter denen man ebenfalls die Kraftlinien erahnen kann. (Besonders gut lassen sich die Ketten erkennen, wenn man ein paar Mal auf die Glasplatte klopft!)
Steckt man eine längere, magnetisierte Nadel durch einen Korken, so kann man den Korken in einem Wasserbecken schwimmen lassen. Bringt man einen Magneten in die Nähe des oben aus dem Kork ragenden Pols, so schwimmt der Kork auf einer bogenförmigen Linie von einem Pol des Magneten zum anderen. (Beachte, dass der schwimmende Magnet meist nicht den kürzesten Weg einschlägt!)

Bei dieser Anordnung kann man die Wirkung der magnetischen Kraft im Magnetfeld um einen Stabmagneten auf *einen* (Probe-)Pol erkennen. Denn der zweite Pol des schwimmenden Probekörpers ist so weit weg, dass die auch auf ihn wirkende Kraft keinen Einfluss auf seine Bewegung hat.

Feldlinien

Eine Bahn, auf der sich ein Nordpol des Probemagneten bewegt, wird als eine *Feldlinie* des Stabmagneten bezeichnet. Feldlinien sind **Modellvorstellungen**, mit deren Hilfe man Magnetfelder und die Wirkungen auf geeignete Probekörper beschreiben kann. Längs einer Feldlinie erfährt ein magnetischer Pol in jedem Punkt eine Kraft in Richtung der Feldlinie: Ein Nordpol wird zum Südpol des felderzeugenden Magneten hingezogen, auf einen Südpol wirkt die Kraft in entgegengesetzter Richtung.
Will man ein Magnetfeld skizzieren, so zeichnet man eine Auswahl von typischen Feldlinien als bogenförmige Linien von Pol zu Pol mit einem eingefügten Pfeil. Sie sollen die *Richtung* der Kraft auf einen Probepol an der gezeichneten Stelle erkennen lassen. Durch eine (willkürliche) Festlegung hat man vereinbart, dass die Pfeilspitzen in derjenigen Richtung einzuzeichnen sind, in die sich ein Probe-*Nordpol* – so wie beim schwimmenden Magneten – mit geringer Geschwindigkeit bewegen würde. Dadurch wird festgelegt, dass die Feldlinien im Raum um einen Magneten von seinem Nordpol zu seinem Südpol verlaufen.
Da die Feldlinien nur gedankliche Gebilde (Modelle) sind, die in jedem Punkt eines Feldes *eindeutig* die Kraft*richtung* angeben sollen, wäre es nicht sinnvoll, Feldlinienbilder mit einander überkreuzenden Feldlinien oder mit sich gabelnden Feldlinien zu zeichnen. (Bei den Ketten der Eisenfeilspäne kann man dies gelegentlich beobachten – ein Beweis dafür, dass die Ketten *keine* Feldlinien sind, sondern nur einen Eindruck davon vermitteln.) Auch über den Betrag der magnetischen Kräfte geben Feldlinienbilder keine Auskunft.

Überprüfe hier, ob das Wissen sitzt

1 Woran erkennt man das Vorhandensein eines Magnetfelds?

2 Ein geeigneter Testkörper, z. B. ein Schwimm-Magnet, erfährt in der Umgebung eines Hufeisenmagneten eine (magnetische) Kraft, deren Betrag und Richtung sich von Ort zu Ort ändern. Wie erklärt sich, dass die schwimmfähige Magnetnadel in der Regel nicht den kürzesten Weg zwischen den Polen einschlägt?

3 Wiederholt man den Versuch mit dem Schwimm-Magnet mehrfach, so gewinnt man mit der Zeit eine Vorstellung von der Struktur des Magnetfelds und zeichnet als Modell ein Feldlinienbild. Warum spricht man hier von einem Modell?

___

___

___

___

4 Im Gegensatz zu den Eisenfeilspan-Bildern, in denen man Kreuzungen und Gabelungen hervorrufen kann, machen diese beim Zeichnen von Feldlinienbildern keinen Sinn. Welche Begründung gibt es hierfür?

___

___

___

___

1 Wenn auf einen geeigneten Test- (oder Probe-)Körper eine magnetische Kraft ausgeübt wird.

2 Beim Schwimm-Magnet befindet sich einer seiner Pole im Feld zwischen den Polen des Hufeisenmagneten (sein anderer Pol ist weit entfernt). Der Pol des Schwimm-Magneten erfährt deshalb von einem Pol des Magneten eine anziehende, vom anderen Pol eine abstoßende Kraft. Die Wirkungen dieser beiden Kräfte addieren sich (→ Kräfteparallelogramm). Abhängig von den jeweiligen Beträgen dieser Kräfte ist die Richtung (und der Betrag) der Resultierenden von Ort zu Ort verschieden. Die Bahnkurven verlaufen deshalb in der Regel bogenförmig von einem Pol zum anderen.

3 Feldlinien haben keine reale Existenz; sie sind gedankliche oder zeichnerische Hilfsmittel, um eine Vorstellung von der Kraftrichtung auf einen geeigneten Probekörper im Feld zu erhalten.

4 Da in jedem Punkt eines Magnetfelds die Richtung und der Betrag der magnetischen Kraft auf einen Probepol eindeutig ist, machen mehrdeutige Gabelungen oder Kreuzungen keinen Sinn.

50

Der elektrische Stromkreis

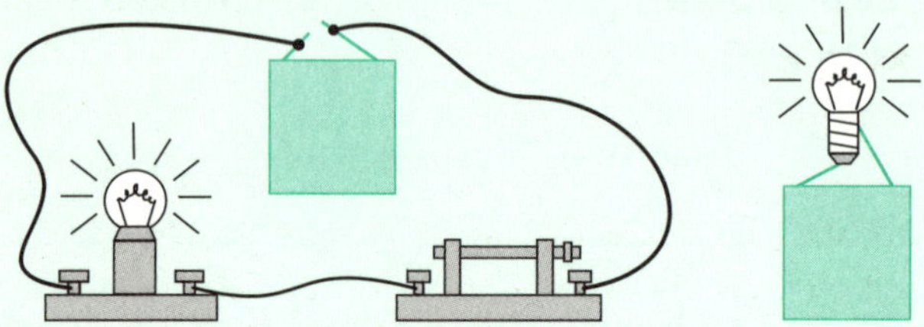

Wenn die Beleuchtungsanlage am Fahrrad defekt ist, ist der **Stromkreis** an einer Stelle unterbrochen. Um das Lämpchen zu überprüfen, kann man mit einer Taschenlampenbatterie einen einfachen Stromkreis bilden. Wenn beide Laschen der Batterie das Lämpchen berühren, muss ein intaktes Lämpchen leuchten. Es befindet sich in einem *geschlossenen Stromkreis,* sodass ein Kreislauf für die „Elektrizität" möglich ist. Wird dieser Leiterkreis an irgendeiner Stelle unterbrochen, so erlischt das Lämpchen sofort.
Dies legt die Vermutung nahe, dass das Lämpchen nur leuchtet, wenn die Elektrizität ständig fließen kann, man spricht dann von einem **elektrischen Strom**.

Leiter und Nichtleiter

Hat man einen Stromkreis mit einem Lämpchen zusammengestellt, kann man ihn an irgendeiner Stelle auftrennen und die Trennstelle mit verschiedenen Materialien überbrücken. So lässt sich feststellen, welche Stoffe den elektrischen Strom leiten und welche nicht. Man unterscheidet dadurch **Leiter** von **Nichtleitern**.
Zu den guten Leitern zählen alle Metalle, schwarze Bleistiftminen (sie enthalten Kohlenstoff in der Form von Graphit), aber auch Salzwasser, verdünnte Säuren und Laugen. Da das Leitungswasser stets etwas gelöste Salze enthält, zählt es ebenfalls zu den Leitern.
Zu den Nichtleitern gehören trockenes Holz, Kunststoffe, Porzellan, Gummi, aber auch (wasserfreie) Flüssigkeiten wie Petroleum, Öl, Benzin etc.
Nichtleiter sind ebenso wichtig wie Leiter, sie werden zur Isolation benötigt, d. h. zum Schutz gegen elektrische Schläge und gegen unbeabsichtigtes Kurzschließen von Drähten (wobei Brände entstehen können).

Gase, wie die Luft, sind in der Regel Nichtleiter. Unter besonderen Umständen (geringer Druck oder hohe Spannungen) können sie die Elektrizität leiten; oft ist dies mit einer Leuchterscheinung verbunden (Funkenüberschläge, Blitze, Licht der Leuchtstoffröhre).

Schaltskizzen

Stromkreise werden auf dem Papier mit genormten **Schaltzeichen** skizziert. In keinem Fall gibt eine Schaltskizze den wirklichen Schaltungsaufbau wieder. So werden verbindende Leitungen als gerade, schwarze Linien gezeichnet; ob sie isoliert sind, aus Kupfer oder einem anderen Metall bestehen, kann man einer Schaltskizze nicht entnehmen.

■ Überprüfe hier, ob das Wissen sitzt

1 Das Anschlusskabel zu einer Lampe enthält stets zwei Leiterdrähte. Warum genügt nicht ein Draht?

____

____

____

2 a Welche Stoffe zählen zu den guten Leitern des elektrischen Stroms?

____

b Kreuze alle Stoffe an, die schlechte Leiter des elektrischen Stroms sind.

- ☐ Bleistiftmine
- ☐ Gummi
- ☐ Waschlauge
- ☐ Eisen
- ☐ trockenes Holz
- ☐ verdünnte Salpetersäure
- ☐ Öl
- ☐ Porzellan
- ☐ Kunststoff
- ☐ Gold

3 Warum sind auch Nichtleiter in der Elektrizitätslehre wichtig?

____

4 Elektrische Schaltskizzen werden mit genormten Symbolen gezeichnet.

a Welche Informationen kann man einer Schaltskizze entnehmen?

____

____

b Was kann man der Schaltskizze nicht entnehmen?

____

____

5 Welche Schaltzeichen gehören zu welchen elektrischen Geräten? Trage die richtigen Buchstaben ein.

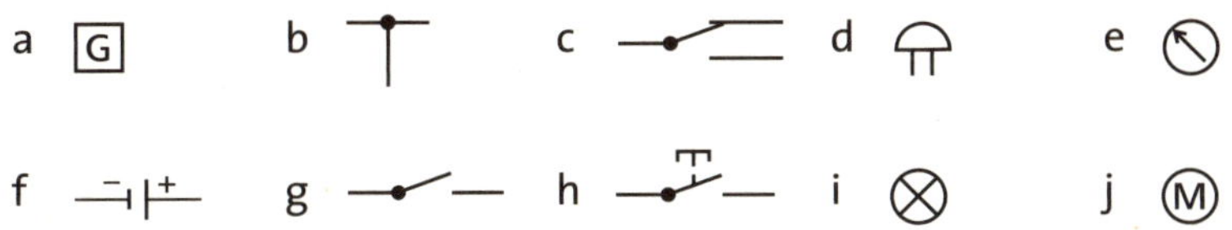

- Verbindung zweier Leiter
- Lampe
- Elektrisches Messgerät
- Schalter
- Wechselschalter
- Taster
- Klingel
- Batterie
- Motor
- Generator

1 Alle elektrischen Geräte funktionieren nur in einem geschlossenen Stromkreis, d.h., die ‚Elektrizität', die in einem Draht der Lampe zufließt, muss im anderen Leiterdraht abfließen.

2 a Metalle, verdünnte Säuren und Laugen

b Schlechte Leiter sind:
Gummi
Öl
Porzellan
Kunststoff
trockenes Holz

3 Sie dienen der Isolation.

4 a Man erkennt, welche Geräte oder Bauteile miteinander elektrisch leitend verbunden sind.

b Man erkennt nicht, wie die Leitungen verlegt sind, aus welchem Material sie bestehen, ob sie isoliert sind.

5 b Verbindung zweier Leiter
h Taster
i Lampe
d Klingel
e Elektrisches Messgerät
f Batterie
g Schalter
j Motor
c Wechselschalter
a Generator

51

Reihen- und Parallelschaltung

Reihenschaltung

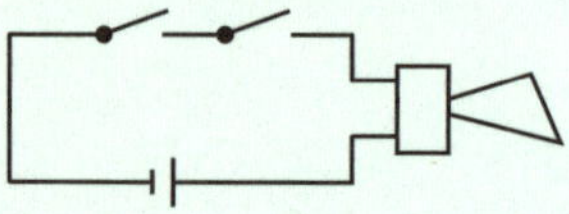

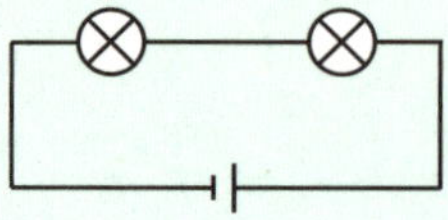

Dabei sind Geräte (Lampen, Schalter, gelegentlich auch Batterien) in einer Reihe in *einem* Stromkreis mit einer Quelle verbunden. Wird *ein* Schalter geöffnet, so ist der Stromkreis unterbrochen und alle weiteren Geräte sind stromlos. So liegen z. B. in einem Auto der Hupkontakt und das Zündschloss in Reihe und deshalb beobachtet man folgenden Sachverhalt: Nur wenn beide Schalter gleichzeitig geschlossen sind, ertönt die Hupe.

Parallelschaltung

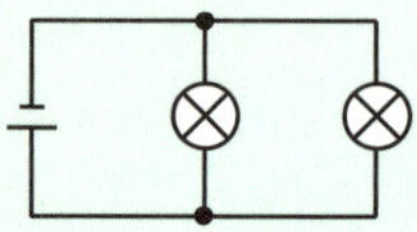

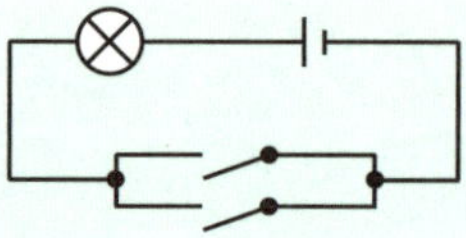

An eine Stromquelle (Batterie, Steckdose) sind gleichzeitig mehrere Stromkreise angeschlossen. Wird der Schalter in einem Stromkreis geöffnet, beeinflusst dies den anderen Stromkreis nicht. Im Haushalt schalten wir alle Geräte an eine Quelle (die zwei Zuführungsdrähte vom Kraftwerk) parallel.

Für spezielle Schaltungsarten – wenn z. B. eine Lampe von mehreren Schaltern ein- oder ausgeschaltet werden soll – gibt es besondere Schalter mit mehreren Kontakten (Wechselschalter, Kreuzschalter oder Relais).

Überprüfe hier, ob das Wissen sitzt

1 Bei manchen Lichterketten sind die Lämpchen in Reihe geschaltet. Was passiert, wenn eine Lampe durchbrennt?

2 Warum werden alle Lampen und elektrischen Geräte im Haushalt ‚parallel' an das Stromnetz angeschlossen?

3 Ergänze die Schaltskizze so, dass die Lampe von zwei Schaltern jeweils aus- und eingeschaltet werden kann.

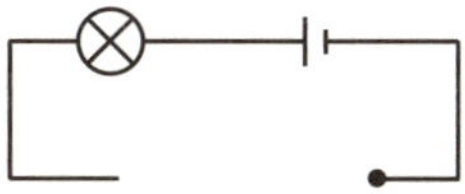

4 In der Schaltskizze oben ist die Batterie mit der Lampe in Reihe geschaltet. Was würde passieren, wenn man die Batterie zur Lampe versehentlich parallel schaltete?

1 Dann erlöschen alle Lampen der Kette.
2 Damit jede Lampe und jedes Gerät unabhängig von allen anderen ein- und ausgeschaltet werden kann (und jedes Gerät an der Netzspannung 230 V betrieben wird).
3 Vergleiche mit der Zeichnung auf S. 160 Mitte.
4 Die Lampe würde dauernd leuchten, solange die beiden Schalter nicht geschlossen sind. Wird ein Schalter geschlossen, wird die Batterie „kurz geschlossen" und rasch entleert.

Die Wirkungen des elektrischen Stroms

Das Stromnetz liefert elektrische Energie. Diese Energie wird in den angeschlossenen Geräten in andere Energieformen verwandelt. Dabei nutzen wir die verschiedenen Wirkungen des elektrischen Stroms.

Wärmewirkung: Eine der häufigsten Anwendungen findet der elektrische Strom in elektrischen Heizgeräten. Fließt ein Strom durch einen Draht, so erwärmt sich dieser. In dünnen Drähten kann die Temperatur dabei so große Werte annehmen, dass die Drähte rot oder (fast) weiß glühen.

Magnetische Wirkung: Wickelt man isolierten Draht (eine Lackschicht genügt!) in mehreren Lagen über einen Eisenstift, so erhält man einen kräftigen Magneten – wenn Strom durch die Drahtwicklung fließt.
In elektrischen Klingeln oder Summern wird der Klöppel magnetisch betrieben. Auch Elektromotoren beziehen ihre Kraft aus der magnetischen Wirkung des elektrischen Stroms.

Chemische Wirkung: Fließt Strom durch eine leitende Flüssigkeit, so wird diese in ihre Bestandteile zerlegt (Elektrolyse). So entstehen beim Stromfluss durch Wasser die beiden gasförmigen Bestandteile Wasserstoff und Sauerstoff.

Diese chemische Wirkung ist auch *eine* der Gefahren für den Menschen, wenn Strom durch seinen Körper fließt. Für den elektrischen Strom haben wir keinerlei Sinnesorgan; ob ein Strom fließt, können wir nur an seinen Wirkungen erkennen.

Überprüfe hier, ob das Wissen sitzt

1 Der elektrische Strom transportiert Energie, die in den elektrischen Geräten aufgrund verschiedener möglicher Stromwirkungen für uns nutzbar gemacht wird. Schreibe hinter die folgenden Anwendungen die hierbei genutzte *Wirkung* des elektrischen Stroms.

a Toaster ________________

b elektrisch betätigtes Türschloss ________________

c Galvanotechnik (z. B. Verchromung von Stoßstangen oder Fahrradlenkern) ________________

2 Auch im Auto fließen in verschiedenen Stromkreisen elektrische Ströme

a Welche Bauteile nutzen die magnetische Wirkung?

____

____

b Welche nutzen die Wärmewirkung?

____

____

c Welche nutzen die chemischen Wirkungen eines Stroms?

____

1 a Wärmewirkung
b magnetische Wirkung
c chemische Wirkung

2 a Anlasser, Hupe, Fensterheber, zentrale Türverriegelung
b Lampen, Zigarettenanzünder, Zündkerze
c Batterie (Akku)

53

Die Richtung des elektrischen Stroms

Da der elektrische Strom seine Wirkungen nur entfaltet, wenn er in einem *geschlossenen* Leiterkreis fließen kann, interessiert die Frage, in welcher Richtung „die Elektrizität“ fließt.
Zu einer Zeit, als Elektronen noch unbekannt waren, nahm man an, dass die „Elektrizität“ am Pluspol einer Stromquelle herauskommt, über den äußeren Leiterkreis fließt und im Minuspol der Quelle wieder eintritt. Ob diese Annahme richtig war, konnte man lange Zeit nicht überprüfen, denn das Fließen der Elektrizität ist direkt nicht beobachtbar. Diese willkürlich angenommene Stromrichtung wird heute noch von allen Elektrikern – und teilweise in den Schulen – verwendet. Man spricht von der **konventionellen Stromrichtung** oder der **technischen Stromrichtung**.
Erst im 20. Jahrhundert stellte man fest, dass elektrische Ströme in Metallen aus negativer Ladung bestehen, transportiert von **Elektronen**. Diese treten aus dem Minuspol der Stromquelle aus und am Pluspol wieder ein. Die *physikalische Stromrichtung* ist also genau entgegengesetzt zur konventionellen Stromrichtung.

Messgeräte für den elektrischen Strom

Einen elektrischen Strom erkennt man nur an seinen Wirkungen. Daraus kann man auch schließen, ob ein Strom größer oder kleiner ist als ein anderer: Je größer die Wirkung, desto größer ist der verursachende Strom.
Für Messgeräte werden alle bekannten Wirkungen des elektrischen Stroms herangezogen: Wärmewirkungen, magnetische Wirkungen und – heute nur noch sehr selten – die chemischen Wirkungen.
Die genauesten Strommesser sind Instrumente, die die magnetischen Kraftwirkungen des elektrischen Stroms ausnutzen (moderne elektronische Messgeräte ausgenommen).

Beim **Drehspulinstrument** fließt der zu messende Strom durch eine kleine Spule. Dadurch wird diese zu einem Magneten. Da sich diese Spule im Magnetfeld eines Hufeisenmagneten befindet, ziehen sich die ungleichnamigen Magnetpole an und es kommt zu einer Drehung der Spule.

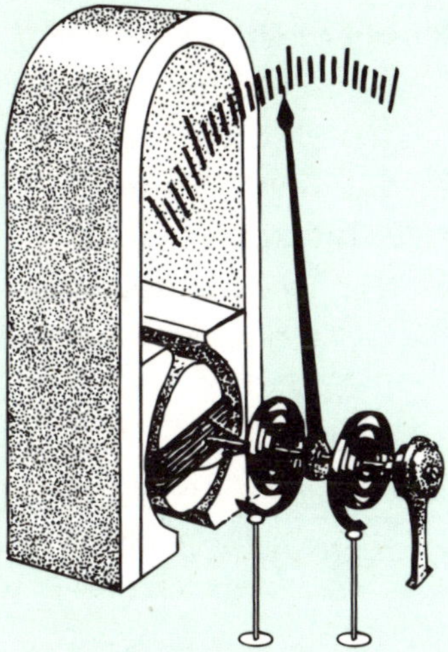

Zwei Spiralfedern – die gleichzeitig zur Stromzuführung der Drehspule dienen – erzeugen Gegenkräfte, die mit zunehmendem Drehwinkel größer werden. Im Kräftegleichgewicht kommt der Zeiger zur Ruhe, sein Ausschlag ist ein Maß für die Stärke des Stroms.

Überprüfe hier, ob das Wissen sitzt

1 Bei käuflichen Netzgeräten und Batterien ist häufig an ihren Anschlüssen ein Plus- und ein Minus-Zeichen (+ oder –) angebracht.

a In welcher Richtung fließt die „Elektrizität" nach konventioneller Ansicht, wenn mit diesen Stromquellen ein geschlossener Stromkreis gebildet wird?

____

b In welcher Richtung fließen die negativen Ladungsträger (Elektronen) durch Drähte aus Metall?

____

____

2 Das Fließen eines Stroms kann man nur an seinen Wirkungen erkennen und auch nur darüber seine ‚Stärke' messen. Ergänze den Satz.

Es gilt allgemein: Je größer die ______________________, desto größer ihre ______________________.

3 Die genauesten Zeigerinstrumente für die elektrische Stromstärke sind Drehspulinstrumente. Auf welcher Wirkung beruht bei ihnen die Messung einer Stromstärke und wie kamen diese Messgeräte zu ihrer Bezeichnung?

____

____

____

____

____

____

____

____

4 Geladene elementare Teilchen der Materie können elektrische Ströme bilden.

a Welche Teilchen bilden in metallischen Drähten den Strom?

____

b Warum können in Flüssigkeiten und Gasen weitere Teilchen, wie Protonen und ionisierte Atome und Moleküle, einen elektrischen Strom bilden?

____

____

5 Zu früheren Zeiten, als man Gaslampen benutzte, genügte eine Gasleitung zu den Lampen.
Als man auf elektrische Beleuchtung umstellte, musste man zwei Leitungen verlegen. Warum?

____

____

____

1 a von + nach – (außerhalb der Stromquelle)
b von der Minusklemme des Netzgeräts zum Plusanschluss
2 Je größer die Stromstärke, desto größer ihre Wirkung.
3 Bei Drehspulinstrumenten beruht die Messung der Stromstärke auf dessen magnetischer Wirkung. Das Drehspulinstrument erhielt diese Bezeichnung, da der zu messende Strom durch eine kleine, drehbar gelagerte Spule fließt, welche dann im Magnetfeld eines Dauermagneten eine Winkeldrehung erfährt.
4 a Elektronen
b Weil in Flüssigkeiten und Gasen auch diese Ionen beweglich sind.
5 Bei Gaslampen wurde das zugeführte Gas verbraucht und die Verbrennungsrückstände gingen in die Luft. Eine Rückleitung war darum nicht nötig. Elektrische Lampen geben Licht und Wärme an ihre Umgebung ab. Die Elektronen werden nicht verbraucht, müssen jedoch weiterhin im Stromkreis fließen.

Die Stromstärke

Man spricht von einem Strom, wenn sich gleichartige Dinge in großer Menge in eine Richtung bewegen. Der Begriff wird auch auf die elektrischen Stromkreise angewendet, denn darin bewegen sich viele Ladungsträger (Elektronen oder Ionen) in eine gemeinsame Richtung und es gilt folgende Definition:
Unter der elektrischen Stromstärke versteht man den Quotienten aus der Anzahl der Ladungsträger und der Zeitspanne, in der diese Ladungsträger durch einen Leiterquerschnitt fließen.
Da man Elektronen nicht zählen, sondern nur ihre Ladung messen kann, wird obige Definition für die Praxis abgeändert:
Die elektrische Stromstärke ist der Quotient aus der Ladung (vieler Elektronen zusammengenommen) und der Zeitspanne, in der diese Ladungsmenge durch den Leiterquerschnitt fließt.

Die Einheit der Stromstärke heißt **Ampere** (abgekürzt: A). Ein Strom hat die Stärke 1 A, wenn in einer speziellen Drahtanordnung die magnetische Kraft zwischen zwei stromdurchflossenen Drähten einen bestimmten Wert hat.

Regeln zur Messung einer Stromstärke

Zur Messung einer Stromstärke muss der Leiterkreis an einer Stelle aufgetrennt werden. Strommesser, die z. B. die Stromstärke durch eine Lampe messen sollen, müssen in Reihe mit der Lampe geschaltet sein.

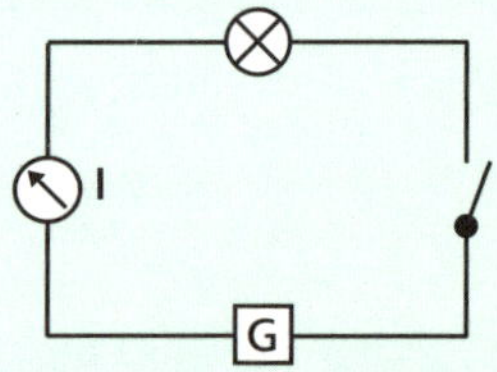

In einem einfachen Stromkreis ist die Stromstärke an jeder Stelle gleich – es spielt also keine Rolle, an welcher Stelle das Messgerät eingesetzt wird. Man misst „hinter“ einem Elektrogerät die gleiche Stromstärke wie vor dem Gerät.
Viele elektrische Messgeräte können außer der Stromstärke noch weitere Größen (Spannung, Widerstand) messen. Sie müssen zuvor auf die richtige Messgröße eingestellt werden. Auch können sie unterschiedlich große Ströme in verschiedenen Messbereichen messen. Man beginne stets mit dem größten Messbereich.

Überprüfe hier, ob das Wissen sitzt

1 Wie lautet die (praktische) Definition der elektrischen Stromstärke?

____

____

____

2 In welcher Einheit werden Stromstärken gemessen?

____

3 Wie muss man vorgehen, wenn man z. B. die durch eine Glühlampe fließende Stromstärke messen will? Muss man ‚vor‘ oder ‚nach‘ der Lampe den Strom messen?

____

____

____

____

4 Warum sollte man beim Messen einer Stromstärke mit dem größten Messbereich eines Instruments beginnen?

____

____

____

1 Die elektrische Stromstärke ist der Quotient aus der Ladung und der Zeitspanne, in der diese Ladungsmenge durch den Leiterquerschnitt fließt.
2 In Ampere, abgekürzt A
3 Man muss den Stromkreis auftrennen und das Strommessgerät einfügen. Dabei spielt es keine Rolle, ob vor oder hinter der Lampe gemessen wird. Die Stromstärke ist an jeder Stelle eines Leiterquerschnitts gleich groß.
4 Ist die Stromstärke groß und der eingestellte Messbereich wesentlich kleiner, besteht die Gefahr, dass der (dünne) Draht auf der Drehspule durchbrennt.

55

Der Zusammenhang zwischen Stromstärke, Ladung und Zeit

Wenn man die Stromstärke misst, kann man die Ladung berechnen, die in einer bestimmten Zeit von den Elektronen durch einen Leiterquerschnitt transportiert wird. Bei konstanter Stromstärke ist die Ladung proportional zur Zeitdauer.

Mit den abkürzenden Zeichen: I (für Stromstärke), Q (für Ladung) und t (für Zeit) ergibt dies folgende Gleichung: $Q = I \cdot t$.
Fließt in einem Leiter ein Strom der Stärke $I = 1\,\text{A}$, so transportieren die Elektronen in jeder Sekunde die Ladung $Q = 1\,\text{A} \cdot 1\,\text{s} = 1\,\text{As}$ (Amperesekunde) durch einen Leiterquerschnitt.

Für die Einheit Amperesekunde gibt es die abkürzende Bezeichnung **Coulomb**: 1 As = 1 C.
Stellt man die Gleichung für die Ladung um (auflösen nach I), so erhält man die folgende Aussage: Die Stromstärke ist der Quotient aus vorbeifließender Ladung und Zeit oder

$$I = \frac{Q}{t}.$$

Geräte und ihre typische Stromstärke	
Haushaltsglühlampe	0,5 A
Staubsauger	4 A
Waschmaschine	16 A
E-Lok (beim Anfahren)	200 A
Blitz	300 000 A = 300 kA (Kilo-Ampere)
Computer (mit Monitor)	0,4 A
Kühlschrank (im Betrieb)	0,5 A

Überprüfe hier, ob das Wissen sitzt

1 In welchen Einheiten wird elektrische Ladung (Ladungsmengen) gemessen?

2 a Wie groß ist die von den Elektronen in 100 s vom Minuspol einer Quelle zu deren Pluspol transportierte Ladung, wenn die Stromstärke konstant 3 A beträgt?

b Welche Ladung wird in diesem Stromkreis während einer Stunde transportiert?

3 In einer vollgeladenen Autobatterie für einen PKW sind 30 Ah (Amperestunden) = 30 · 3 600 C gespeichert. Wie lange kann man damit (theoretisch) einen Anlasser betreiben, wenn dieser einen Strom der Stärke 200 A benötigt?

1 In Amperesekunden oder Coulomb: 1 As = 1 C.

2 a) $Q = I \cdot t = 300\,\text{As} = 300\,\text{C}$

b) 10 800 C

3 $t = \frac{Q}{I} = 540\,\text{s} = 9\,\text{min}$

Die elektrische Spannung

Alle Ströme haben eine Ursache, sie müssen angetrieben werden. Handelsübliche Batterien gibt es mit 1,5; 4,5 oder 9 Volt Spannung. Die Einheit, in der man die elektrische *Spannung* misst, wird mit **Volt** bezeichnet (abgekürzt: *V*). Die Spannung an unseren Steckdosen beträgt 230 V. Schließt man eine Haushaltsglühlampe an eine Taschenlampenbatterie von 4,5 V Spannung an, so leuchtet die Lampe nicht, der Glühfaden in der Lampe bleibt kalt. Dies hat zwei Gründe:

- Die Zahl der Ladungsträger (Elektronen), die in jeder Sekunde durch die Lampe fließen (die Stromstärke!), ist bei dieser Spannung viel zu klein, als dass der Lampendraht zum Glühen kommen würde.
- Auch die Energie, die *jeder* Ladungsträger transportiert, ist bei dieser Stromquelle um ein Vielfaches kleiner als bei der Quelle „Steckdose". – Selbst wenn ein hinreichend großer Strom fließen würde, wäre die elektrische Energie zu gering, die dem Lampendraht in jeder Sekunde zur Verfügung stünde, um diesen merklich zu erwärmen.

Verschiedene Stromquellen unterscheiden sich also in zweierlei Hinsicht: Sie können größere oder kleinere Stromstärken verursachen und gleichzeitig den Ladungen unterschiedlich viel elektrische Energie mitgeben. Diese Eigenschaft wird durch die **Spannung** U der Quelle ausgedrückt, man spricht deshalb auch häufig von *Spannungsquellen.*

Beträgt die Stromstärke in einem Stromkreis $I = 1\,\text{A}$, so fließt in jeder Sekunde die Ladung $Q = 1\,\text{A} \cdot 1\,\text{s} = 1\,\text{C}$ durch den Leiterquerschnitt. Wird dabei (in jeder Sekunde) die Energie 1 J (Joule) transportiert – und in einem „Verbraucher" in eine andere Energieform umgewandelt –, so sagt man, die Spannungsquelle hat die Spannung $U = 1\,\text{V}$.
Transportiert die Ladung 1 C (von einer anderen Quelle) 230 J Energie in jeder Sekunde, so hat diese Quelle die Spannung $U = 230\,\text{V}$.
Je größer die Spannung einer Stromquelle ist, desto größer ist die Energie, die eine bestimmte Ladungsmenge transportiert.
Unter der elektrischen Spannung U (einer Quelle) versteht man den Quotienten aus der Energie W und der Ladung Q:

$$U = \frac{W}{Q}.$$

WISSEN • WISSEN • WISSEN • WISSEN • WISSEN • WISSEN • WISSEN

Die Einheit Volt ist so gewählt: $\frac{1\,J}{1\,C} = 1\,V$.

Beispiel:

> Wenn im Stromkreis eines Fahrrads bei der Spannung des Fahrraddynamos $U = 6\,V$ eine Stromstärke von $I = 1\,A$ fließt, so erhält man in jeder Sekunde die Energie $W = Q \cdot U = I \cdot t \cdot U = 1\,C \cdot 1\,s \cdot 6\,V = 6\,J$ in Form von Licht (und Wärme). Selbstverständlich muss man dazu dem Dynamo in jeder Sekunde 6 J Energie zuführen! – Beim Radfahren merkt man deutlich, dass man bei eingeschaltetem Licht mehr arbeiten muss.

Betrachtet man den im Haushalt üblichen Stromkreis (= 230 V), so ist für die gleiche Energiemenge (pro Sekunde) nur eine Ladungsmenge

$Q = \frac{W}{U} = \frac{6\,V}{230\,V} \approx 0{,}026\,C$ nötig.

Ein Strom der Stärke $I = \frac{Q}{t} = \frac{0{,}026\,C}{1\,s} = 0{,}026\,A = 26\,mA$ transportiert diese Ladung in jeder Sekunde. Dividiert man bei der Gleichung der Spannungsdefinition $U = \frac{W}{Q}$ auf der rechten Seite der Gleichung Zähler und Nenner durch die Zeit t, so erhält man eine völlig gleichwertige Definition der Spannung (mit den Abkürzungen $\frac{W}{t} = P$, P für Leistung; $\frac{Q}{t} = I$, I für Stromstärke):

$$U = \frac{\frac{W}{t}}{\frac{Q}{t}} = \frac{P}{J}$$

Unter der elektrischen Spannung U versteht man den Quotienten aus der Leistung P und der Stromstärke I.

Für die Einheit der Spannung folgt daraus: $1\,V = \frac{1\,W}{1\,A}$.

Diese zweite Form der Spannungsdefinition wird häufig vorgezogen, weil es für die Stromstärke I praktische Messgeräte gibt.
Reicht die Spannung für eine bestimmte Leistung nicht aus, kann man Spannungsquellen in Reihe schalten. So benötigen Radiorekorder häufig eine Spannung von 6 V. Da eine Monozelle aber nur eine Spannung von 1,5 V hat, muss man 4 Monozellen in Reihe schalten: $4 \cdot 1{,}5\,V = 6\,V$. Dabei ist auf die Polung zu achten; die richtige Anordnung der Batterien ist deshalb meist im Batteriefach angegeben.

Überprüfe hier, ob das Wissen sitzt

1 Wie ist die elektrische Spannung definiert (in Worten, zwei gleichwertige Definitionen)?

2 Warum leuchtet eine haushaltsübliche Glühlampe nicht, wenn man sie mit einer Taschenlampenbatterie verbindet? Nenne zwei Gründe.

3 Die Spannung an unseren Steckdosen beträgt 230 V. Welche Energie kann ein elektrischer Kocher, der an die Steckdose angeschlossen ist, bei einer Stromstärke von 3 A während einer Minute in thermische Energie (= Wärme) umwandeln?

4 Welche Stromstärke fließt in den Zuleitungen zu einem Staubsauger, der im Betrieb eine Leistungsaufnahme von 800 W besitzt?

5 Bei einem Test stellt ein Schüler fest, dass ein kleiner Akku von 9 V Nennspannung seinen Walkman zwei Stunden betreiben kann, wenn dieser eine (mittlere) Stromstärke von 0,5 A benötigt. Welche Ladungs- und welche Energiemenge kann dieser Akku speichern?

1 Spannung = Energie/Ladung oder Leistung/Stromstärke
2 Die Stromstärke ist zu gering und jede Ladung transportiert zu wenig Energie, um den Glühfaden zum Leuchten zu bringen.
3 $W = Q \cdot U = (I \cdot t) \cdot U = 41{,}4\,\text{kJ}$
4 $I - \frac{P}{U} \approx 3{,}5\,\text{A}$
5 $Q = I \cdot t = 4{,}5\,\text{C}$
$W = Q \cdot U = 40{,}5\,\text{J}$

57

Ströme erfahren einen Widerstand

Schließt man eine Kochplatte an verschiedene Spannungsquellen an, so kann man zu jeder Spannung die Stromstärke messen. Man entdeckt dabei, dass die Stromstärke *I* zur Spannung *U* proportional ist. Der Quotient $\frac{U}{I}$ hängt aber noch von einer weiteren Größe ab – einer Eigenschaft der Kochplatte. Man bezeichnet diese Eigenschaft als (elektrischen) **Widerstand**.

Die Drähte in einem elektrischen Gerät (Tauchsieder, Bügeleisen, Heizkissen etc.) haben einen umso größeren Widerstand, je kleiner die Stromstärke ist, die bei der *gleichen* Spannung gemessen wird.

Der elektrische Widerstand *R* ist der Quotient aus der Spannung *U* und der Stromstärke *I*:

$$R = \frac{U}{I}.$$

Fließt bei einer Spannung $U = 1\,\text{V}$ die Stromstärke $I = 1\,\text{A}$, so besitzt das elektrische Bauteil den Widerstand

$$R = \frac{1\,\text{V}}{1\,\text{A}} = 1\,\Omega \text{ (Ohm)}.$$

Äußerlich gleiche Metalldrähte (gleiche Länge, gleiche Querschnittsfläche) können einen unterschiedlichen Widerstand besitzen. Der Widerstand hängt also vom Material ab.

Zeigen äußerlich *gleiche* Metalldrähte einen unterschiedlich großen Widerstand – obwohl sie aus dem *gleichen* Material bestehen –, so haben sie verschiedene Temperaturen. Der Widerstand eines Drahtstückes steigt (normalerweise) mit der Temperatur an.

Sorgt man dafür, dass die bei einem Stromfluss durch einen Draht entstehende Wärme durch eine Kühlvorrichtung abgeführt wird – bei kleinen Stromstärken kann oft die Kühlung durch die umgebende Luft ausreichen – und die Temperatur dadurch nicht ansteigt, so ist der Widerstand des Drahtes konstant.

Ohm'sches Gesetz

Löst man die Definitionsgleichung für Widerstand nach I auf:

$I = \frac{U}{R}$, so sieht man, dass die Stromstärke I proportional zur Spannung U ist.

$I = \frac{U}{R}$, oder eine weitere Umformung: $U = R \cdot I$, wird als Grundgleichung des elektrischen Stromkreises oder auch als **Ohm'sches Gesetz** bezeichnet (U ist proportional zu I).

Diese Gleichungen sind – streng genommen – nur gültig, wenn sich der Widerstand nicht ändert! Das Ohm'sche Gesetz $I \sim U$ gilt deshalb nur für Metalle bei konstanter Temperatur und nicht allzu großen Spannungen längs des Drahts.

Beispiel:

Besitzt ein elektrisches Bauteil einen Widerstand von $R = 1{,}5\,\text{k}\Omega = 1500$ Ohm, so fließt bei einer Spannung von $U = 45\,\text{V}$ ein Strom der Stärke $I = \frac{45\,\text{V}}{1500\,\Omega} = 0{,}03\,\text{A} = 30\,\text{mA}$.

Soll die Stromstärke $I = 3\,\text{A}$ betragen, so wäre dazu eine Spannung von $U = 1500\,\Omega \cdot 3\,\text{A} = 4500\,\text{V}$ nötig.

Überprüfe hier, ob das Wissen sitzt

1 a Ergänze den Satz.
Erhöht man in einem Stromkreis die Spannung einer Quelle, so erhöht sich (in der Regel) im gleichen Verhältnis auch die

____

b Unter welchen drei Bedingungen gilt das Ohm'sche Gesetz jedoch nur exakt?

____

____

____

2 Durch die Drähte einer elektrischen Kochplatte fließt bei 230 V Spannung ein Strom der Stärke 0,40 A. Welchen Widerstand besitzen die Heizdrähte?

3 Bei Metallen steigt ihr Widerstand mit zunehmender Temperatur (deren Anstieg selbst eine Folge des Stroms ist). Wie lässt sich dies erklären?

____

____

____

4 Der Spulendraht des Magneten einer elektrischen Klingel hat 30 Ω Widerstand. Sie wird mit 12 V Spannung betrieben. Wie groß ist die Stromstärke?

5 Bei welcher Spannung fließt in einem Stromkreis von insgesamt 20 Ω Widerstand ein Strom der Stärke 40 mA?

1 a Stromstärke
b nur für Metalle bei gleichbleibender Temperatur für nicht allzu große Spannungen

2 $R = \frac{U}{I} = \frac{230\,V}{0{,}4\,A} = 575\,\Omega$

3 Je höher die Temperatur, desto größer ist die ungeordnete (Wärme-) Bewegung der Atome. Die Elektronen stoßen häufiger mit den Atomen zusammen. Die Elektronen werden dadurch in ihrem Fluss stärker gehemmt; der Widerstand steigt.

4 $I = \frac{U}{R} = \frac{12\,V}{30\,\Omega} = 0{,}4\,A$

5 $U = R \cdot I = 20\,\Omega \cdot 0{,}04\,A = 0{,}8\,V$

Der spezifische Widerstand

Um verschiedene Materialien hinsichtlich ihrer elektrischen Leitfähigkeit vergleichen zu können, muss man Drähte von gleicher Länge und von gleicher Querschnittsfläche wählen.
Für die Erstellung einer Tabelle ist es zweckmäßig, den Widerstand von Drähten der Länge $l = 1\,\text{m}$ und der Querschnittsfläche $A = 1\,\text{mm}^2$ (bei gleich bleibender Drahttemperatur) zu bestimmen. Die unter diesen Bedingungen gewonnenen Werte nennt man den **spezifischen Widerstand**, da er für jedes Material spezifisch ist. Er wird mit ϱ (Rho) abgekürzt und meist in der Einheit $\Omega \cdot \frac{\text{mm}^2}{\text{m}}$ angegeben.
Beispiel:

Kupfer besitzt den spezifischen Widerstand $\varrho = 0{,}017\,\Omega \cdot \frac{\text{mm}^2}{\text{m}}$, d. h., ein Kupferdraht von 1 m Länge und rund 1,12 mm Kreis-Durchmesser (Querschnittsfläche $A = \pi r^2 \approx 3{,}14 \cdot (0{,}56\,\text{mm})^2 \approx 1\,\text{mm}^2$) hat einen Widerstand von $0{,}017\,\Omega$.

Der ϱ-Wert gibt den Widerstand eines Drahtes von 1 m Länge und $1\,\text{mm}^2$ Querschnittsfläche an. Je besser das Material leitet, desto kleiner ist der ϱ-Wert.
Da der Widerstand eines beliebigen Drahtes proportional zu seiner Länge und umgekehrt proportional zu seiner Querschnittsfläche wächst, kann man aus Kenntnis seiner Länge l, der Querschnittsfläche A und dem spezifischen Widerstand ϱ seines Materials den Widerstand berechnen:
Beispiel:

Ein Kupferdraht der Länge $l = 1000\,\text{m}$ mit $A = 1{,}0\,\text{mm}^2$ Querschnittsfläche hat den Widerstand $R = 1000 \cdot 0{,}017\,\Omega = 17\,\Omega$; bei $A = 0{,}5\,\text{mm}^2 = \frac{1}{2}\,\text{mm}^2$ verdoppelt sich der Widerstand auf $R = 34\,\Omega$.

Für beliebige Werte lässt sich der Widerstand nach folgender Gleichung berechnen:

$$R = \varrho \cdot \frac{l}{A}.$$

WISSEN • WISSEN • WISSEN • WISSEN • WISSEN • WISSEN • WISSEN

Überprüfe hier, ob das Wissen sitzt

1 Was gibt der spezifische Widerstand ϱ an?

2 Aluminium besitzt den spezifischen Widerstand $\varrho = 0{,}028\ \Omega \cdot \frac{\text{mm}^2}{\text{m}}$.

Welchen Widerstand hat ein Al-Draht von $0{,}1\ \text{mm}^2$ Querschnittsfläche und 10 km Länge?

3 Ein „Drahtwiderstand" aus Konstantandraht $\left(\varrho = 0{,}50\ \Omega \cdot \frac{\text{mm}^2}{\text{m}}\right)$ von 0,2 mm^2 Querschnittsfläche soll 10 Ω elektrischen Widerstand erhalten. Welche Drahtlänge ist vorzusehen?

1 Der spezifische Widerstand gibt an, wie viel Ω elektrischen Widerstand ein Draht aus einem bestimmten Material von 1 m Länge und 1 mm Querschnittsfläche besitzt.

2 2800 Ω

3 4 m

59

Die Gesetze des unverzweigten Stromkreises

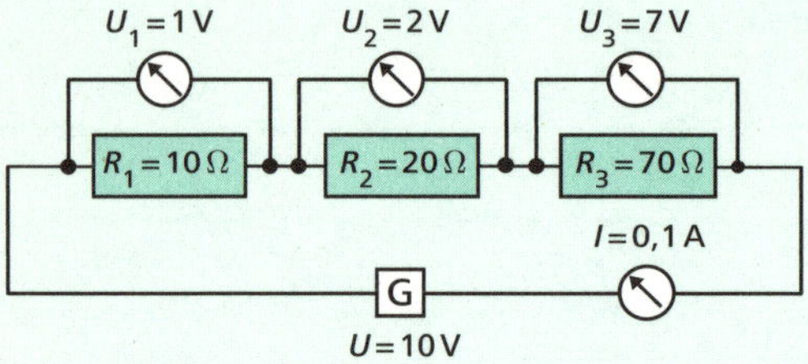

Schließt man mehrere Widerstände an eine Spannungsquelle an, so bezeichnet man diese Schaltung als einen **unverzweigten Stromkreis**. Trennt man den Stromkreis an einer beliebigen Stelle auf und verbindet die Trennstellen über ein Strommessgerät, so misst man stets die gleiche Stromstärke: Bei einer Reihenschaltung von Widerständen ist die Stromstärke durch jeden Widerstand gleich groß. Besteht die Reihenschaltung z.B. aus drei Widerständen mit den Werten $R_1 = 10\,\Omega$, $R_2 = 20\,\Omega$ und $R_3 = 70\,\Omega$, so beträgt bei einer Spannung der Quelle von $U = 10\,\text{V}$ die Stromstärke $I = 0{,}1\,\text{A}$; bei $U = 20\,\text{V}$ ist $I = \frac{20\,\text{V}}{100\,\Omega} = 0{,}2\,\text{A}$.
Die Reihenschaltung der drei Widerstände verhält sich wie ein Widerstand vom Wert $100\,\Omega$. Man bezeichnet ihn als **Ersatzwiderstand** R_E, denn ein Widerstand mit dem Wert R_E würde die Stromstärke auf den gleichen Wert begrenzen wie die Reihenschaltung der Widerstände.

Der Ersatzwiderstand R_E einer Reihenschaltung ist gleich der Summe der in Reihe geschalteten Einzelwiderstände: $R_E = R_1 + R_2 + R_3 + \ldots$

Schließt man einen Spannungsmesser an die Anschlüsse zu den Widerständen (parallel zu den Widerständen) an, so misst man an *jedem* Widerstand eine Teilspannung, die meist als „Spannungsabfall" bezeichnet wird. Gemäß dem Ohm'schen Gesetz gilt an jedem Widerstand $U = R \cdot I$. Für die Summe der Teilspannungen erhält man die folgenden Regeln:
Die Summe der Teilspannungen $U_1 + U_2 + \ldots$ ist gleich der Spannung der Quelle U: $U = U_1 + U_2 + U_3 + \ldots = I \cdot R_1 + I \cdot R_2 + I \cdot R_3 + \ldots = I \cdot R_E$.
Da durch alle Widerstände die gleiche Stromstärke fließt, ist
$I = \frac{U_1}{R_1} = \frac{U_2}{R_2} = \ldots$ Hieraus folgt: $\frac{U_1}{U_2} = \frac{R_1}{R_2}, \frac{U_1}{U_3} = \frac{R_1}{R_3}$, usw.

Überprüfe hier, ob das Wissen sitzt

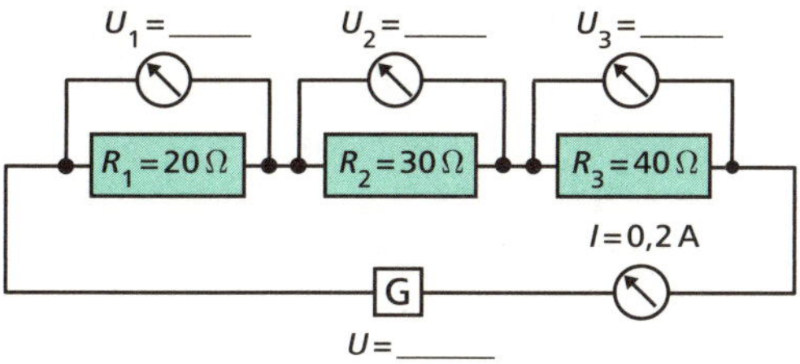

a Welche Stromstärke misst man, wenn man das Messgerät zwischen R_1 und R_2 einfügt?

____

b Wie groß ist der Ersatzwiderstand der drei in Reihe geschalteten Widerstände?

____

c Wie groß sind die parallel zu den Widerständen gemessenen Teilspannungen?

____

d Wie groß ist demnach die Spannung der Quelle?

____

e Welche Werte ändern sich, wenn man die Spannung der Quelle halbiert?

____

a die gleiche Stromstärke $I = 0{,}2$ A
b 90 Ω
c 4 V; 6 V; 8 V
d 18 V
e Es halbieren sich die Stromstärke und die Teilspannungen an den Widerständen.

Die Vorwiderstandsschaltung

Die kleinen Glühlämpchen in den Taschenlampen tragen am Sockel häufig die Nenndaten aufgedruckt, z. B. 4 V/; 4 W. Dies heißt, dass das Lämpchen bei $U = 4\,\text{V}$ Spannung eine Leistung von $P = 4\,\text{W}$ umsetzt. Aus diesen beiden Daten kann man weitere Größen berechnen. Die maximal zulässige Stromstärke beträgt

$$I = \frac{P}{U} = \frac{4\,\text{W}}{4\,\text{V}} = 1\,\text{A};$$

der Widerstand des (heißen) Glühfadens hat den Wert

$$R = \frac{U}{I} = \frac{4\,\text{V}}{1\,\text{A}} = 4\,\Omega.$$

Wenn man das Lämpchen an eine Spannungsquelle von $U = 9\,\text{V}$ anschließt, so wird es sofort durchbrennen. Die Stromstärke würde (theoretisch) auf den Wert

$$I = \frac{U}{R} = \frac{9\,\text{V}}{4\,\Omega} = 2{,}25\,\text{A} \text{ ansteigen.}$$

Da der Hersteller bei der Auswahl des Drahtes aber nur eine Höchststromstärke von $I = 1\,\text{A}$ vorgesehen hat, schmilzt zuvor der Glühfaden.

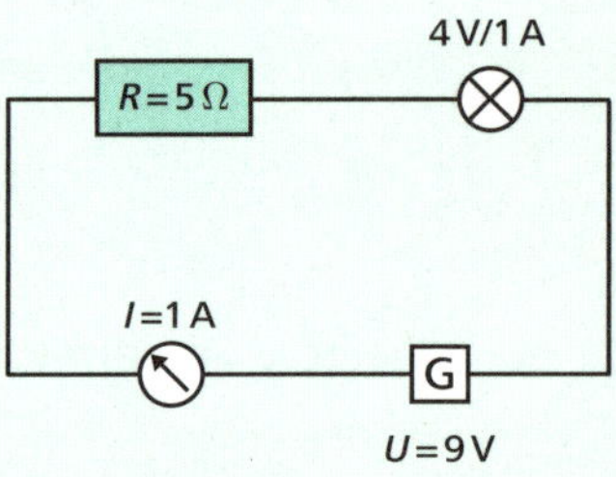

In solchen Fällen kann ein **Vorwiderstand** helfen, der die Stromstärke auf den zulässigen Wert $I = 1\,\text{A}$ begrenzt. Bei $U = 9\,\text{V}$ muss der Ersatzwiderstand aus beiden Widerständen einen Wert von

$$R_E = \frac{U}{I} = \frac{9\,\text{V}}{1\,\text{A}} = 9\,\Omega \text{ aufweisen.}$$

Da der Lampendraht selbst $4\,\Omega$ hat, schützt ein Vorwiderstand von $R = 5\,\Omega$.

In der Praxis benutzt man als Vorwiderstände gern einstellbare Schiebe- oder Drehwiderstände (Potentiometer). Durch einen Abgriff mit einem Schleifkontakt kann man die benötigte Drahtlänge einstellen. Dadurch lassen sich beliebige Widerstandswerte erreichen, insbesondere für Werte, für die man keine Widerstände kaufen kann.

Überprüfe hier, ob das Wissen sitzt

Am Sockel eines Glühlämpchens für einen Fahrradscheinwerfer sind folgende Nenndaten aufgedruckt: 6 V; 3 W.

a Berechne daraus die Nennstromstärke.

b Welchen (Nenn-)Widerstand besitzt der Glühfaden im Lämpchen?

c Das Lämpchen wird versehentlich an ein Netzgerät von 20 V Spannung angeschlossen. Warum blitzt das Lämpchen nur einmal kurz auf? Welche Stromstärke könnte für einen kurzen Moment geflossen sein?

a $I = \frac{P}{U} = 0{,}5\ \text{A}$

b $R = \frac{U}{I} = 12\ \Omega$

c Bei dieser Spannung wird die Nennstromstärke mehrfach überschritten, sodass der Glühfaden schmilzt (das Lämpchen brennt durch). Bevor der Glühfaden geschmolzen ist, betrug die Stromstärke $I = \frac{20\ \text{V}}{12\ \Omega} \approx 1{,}7\ \text{A}$ (konstanten Widerstand vorausgesetzt).

61

Die Spannungsteilerschaltung

Man kann die Reihenschaltung von zwei (oder mehreren) Widerständen auch als eine **Spannungsteilerschaltung** bezeichnen, da nach der Regel von den Teilspannungen an jedem der Widerstände ein Teil der Batteriespannung „abfällt“.

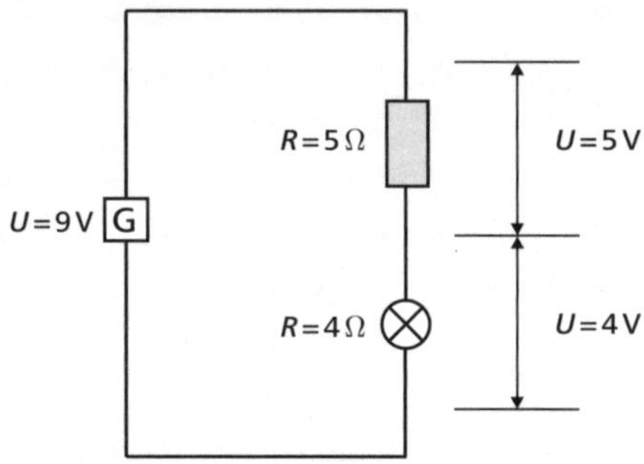

Wenn die Spannung 9 V (= Spannung der Quelle) so aufgeteilt werden soll, dass die Teilspannungen 4 V (Lampen-Nennspannung) und 5 V (Spannung am Vorwiderstand) betragen sollen, so muss bei der Stromstärke $I = 1\,\text{A}$ der Vorwiderstand einen

Wert $R = \frac{U}{I} = \frac{5\,\text{V}}{1\,\text{A}} = 5\,\Omega$ haben.

Beispiel:

Bei einer handelsüblichen elektrischen Weihnachtsbaumbeleuchtung bilden die Leuchtmittel („Kerzen“) eine in Reihe geschaltete Glühlampenkette. Bei 20 Kerzen teilt sich die Netzspannung $U = 230\,\text{V}$ in 20 Teilspannungen zu je

$U = \frac{230\,\text{V}}{20} \approx 11{,}5\,\text{V}$ auf.

Jede einzelne Kerze wird mit dieser Spannung betrieben.

Überprüfe hier, ob das Wissen sitzt

1

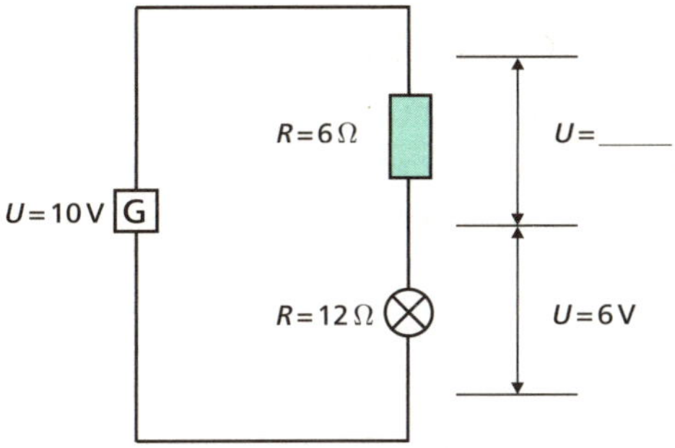

a Welche Teilspannung muss an den Anschlüssen des Festwiderstands abfallen, damit die Lampe keinen Schaden erleidet?

b Wie groß ist die Stromstärke?

2 In Kaufhäusern werden gelegentlich Lampionketten zur Beleuchtung bei Gartenpartys angeboten. Die kleinen Lämpchen besitzen eine Nennspannung von 12 V. Um die Lampionkette an der Netzspannung 230 V betreiben zu können, bilden diese in Reihe geschalteten Lämpchen einen Spannungsteiler. Wie viele Lämpchen muss die Kette (mindestens) besitzen?

1 a $U_{fest} = 10\,V - 6\,V = 4\,V$

b $I = \frac{10\,V}{(12\,\Omega + 6\,\Omega)} \approx 0{,}56\,A$

2 Bei dieser Lampenkette müssen mindestens $\frac{230\,V}{12\,V} = 19{,}2$ Lampen (also praktisch 20 Stück) in Reihe geschaltet sein.

62

Die Gesetze des verzweigten Stromkreises

Die elektrischen Geräte im Haushalt werden alle parallel an eine Quelle (die Zuführungsdrähte vom Kraftwerk) geschaltet. Nur so bekommt jedes Gerät die gleiche Spannung und kann auch getrennt von allen anderen ein- und ausgeschaltet werden. Da sich der Strom, nachdem er die Sicherungen und den Elektrizitätszähler passiert hat, auf die „Zweige" zu den verschiedenen Geräten verteilt, spricht man auch von einem **verzweigten Stromkreis**.

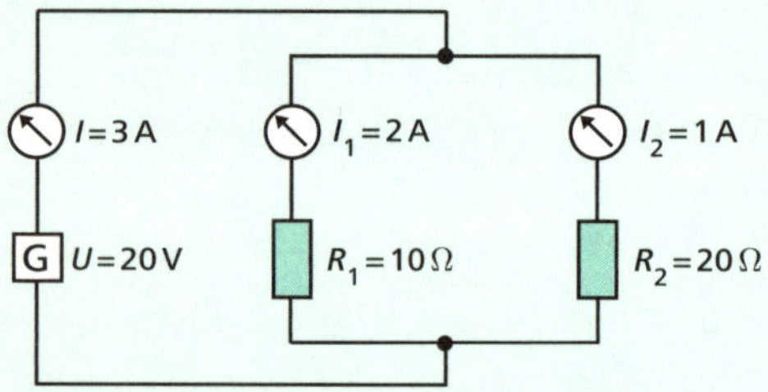

Der Elektrizitätszähler liegt in der unverzweigten Hauptleitung, er wird vom Gesamtstrom I durchflossen.

1. Kirchhoff'sches Gesetz: Bei einer Stromverzweigung ist der Gesamtstrom I (im unverzweigten Teil) gleich der Summe der Zweigströme:
$I = I_1 + I_2 + I_3 + ...$
Da bei dieser Schaltung alle Widerstände an derselben Spannung liegen, gilt für jeden Widerstand:
$U = R_1 \cdot I_1 = R_2 \cdot I_2 = ...$, oder $\frac{I_1}{I_2} = \frac{R_2}{R_1}$ (für zwei Widerstände).

2. Kirchhoff'sches Gesetz: Bei einer Stromverzweigung verhalten sich die Zweigströme umgekehrt wie die entsprechenden Widerstände in den Verzweigungen.

Je mehr Widerstände parallel an eine Quelle angeschlossen werden, desto größer wird die Summe aller Querschnittsflächen, durch die der Strom fließen kann – die Stromstärke in der unverzweigten Zuleitung nimmt zu. Wird z.B. an eine Quelle der Spannung $U = 20\,\text{V}$ erst ein Widerstand $R_1 = 10\,\Omega$ angeschlossen, so fließt

$I_1 = \frac{U}{R_1} = \frac{20\,\text{V}}{10\,\Omega} = 2\,\text{A}$; wird ein weiterer Widerstand $R_2 = 20\,\Omega$ parallel angeschlossen, so fließen durch ihn $I_2 = \frac{20\,\text{V}}{20\,\Omega} = 1\,\text{A}$ und in der unverzweigten Zuleitung beträgt die Stromstärke $I = I_1 + I_2 = 3\,\text{A}$.

Ein Widerstand vom Wert $R_E = \frac{U}{I} = \frac{20\,\text{V}}{3\,\text{A}} \approx 6{,}67\,\Omega$ hätte die Quelle also in gleicher Weise belastet. Man bezeichnet R_E als den *Ersatzwiderstand* der (hier) parallel geschalteten Widerstände.

Setzt man in das 1. Kirchhoff'sche Gesetz $I = I_1 + I_2$ die entsprechenden Quotienten $\frac{U}{R}$ ein, so erhält man $\frac{U}{R_E} = \frac{U}{R_1} + \frac{U}{R_2}$ und nach Kürzen mit U die Gleichung: $\frac{1}{R_E} = \frac{1}{R_1} + \frac{1}{R_2}$, die man auf Schaltungen mit mehr als zwei Widerständen entsprechend erweitern kann.

Der Kehrwert des Ersatzwiderstands $\frac{1}{R_E}$ einer Parallelschaltung von Widerständen ist die Summe der Kehrwerte der Widerstände in den Zweigen: $\frac{1}{R_E} = \frac{1}{R_1} + \frac{1}{R_2} + \frac{1}{R_4} + \ldots$

Die Parallelschaltung von zwei gleichen Widerständen wirkt wie ein Widerstand vom halben Wert; bei vier gleichen Widerständen ist der Ersatzwiderstand $\frac{1}{4}$ eines Zweigwiderstands.
Bei der Parallelschaltung von Widerständen ist der Ersatzwiderstand stets kleiner als der kleinste Widerstandswert in einem Zweig.

Für den Fall von zwei Zweigwiderständen kann man sich auch merken:
$R_E = \frac{R_1 \cdot R_2}{R_1 + R_2}$ (Produkt durch Summe).

Überprüfe hier, ob das Wissen sitzt

1

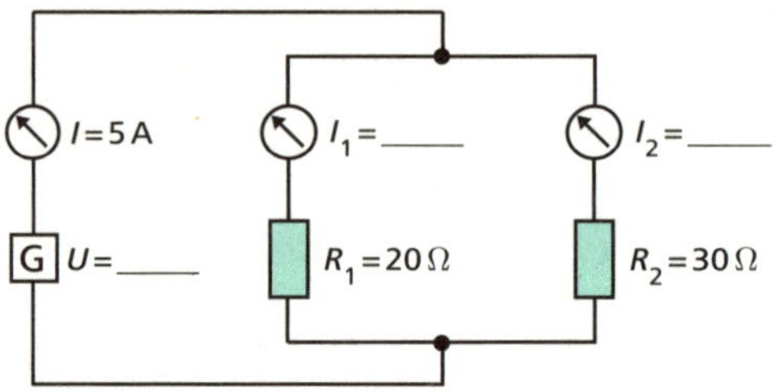

a In welchem Verhältnis stehen die Zweigströme $\frac{I_1}{I_2}$ nach dem 2. Kirchhoff'schen Gesetz?

b Was gilt für diese Ströme nach dem 1. Kirchhoff'schen Gesetz?

c Berechne aus den Ergebnissen von a) und b) die Ströme I_1 und I_2 in den Zweigen.

d Wie groß ist der Ersatzwiderstand R_E der beiden parallel geschalteten Widerstände?

e Wie groß ist demnach die Spannung der Quelle?

2 Wie groß ist der Ersatzwiderstand in einem verzweigten Stromkreis von vier parallel geschalteten Widerständen $R_1 = R_2 = R_3 = R_4 = 12\,\Omega$?

1 a Es gilt $\frac{R_2}{R_1} = \frac{30\,\Omega}{20\,\Omega} = \frac{3}{2} = \frac{I_2}{I_1}$

b Für den Gesamtstrom gilt: $I = 5\,A = I_1 + I_2$

c Nach dem Einsetzungsverfahren gilt: $\frac{3}{2} = \frac{5\,A - I_2}{I_2}$;

daraus folgt $I_2 = 2\,A$ und aus einer entsprechenden Rechnung: $I_1 = 3\,A$.

d Aus $\frac{1}{R_E} = \frac{1}{(20\,\Omega)} + \frac{1}{(30\,\Omega)}$ folgt $R_E = 12\,\Omega$.

e Die Spannung der Quelle ist $U = R_E \cdot I = 12\,\Omega \cdot 5\,A = 60\,V$

2 $R_E = \frac{1}{4} R_1 = 3\,\Omega$

63

Das Magnetfeld um elektrische Ströme

Elektrische Ströme üben in ihrer Umgebung Kräfte auf magnetische Körper aus. Hält man einen gestreckten Kupferdraht, der von einem möglichst großen Strom durchflossen wird (mehrere Ampere!), über eine Kompassnadel, so wird die Nadel aus ihrer natürlichen Nord-Süd-Richtung abgelenkt. Sie stellt sich immer quer zur Drahtrichtung ein.

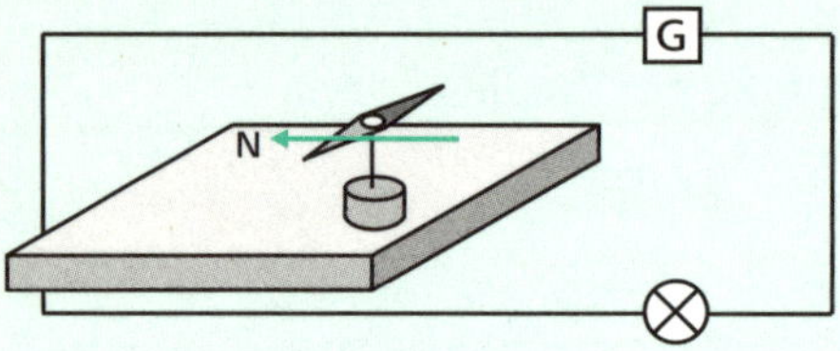

Steckt man ein stromdurchflossenes, gerades Drahtstück (Stricknadel) durch eine Pappscheibe, so kann man mit einer kleinen Kompassnadel auf der Pappscheibe das magnetische Feld in der Umgebung des Drahtes „abtasten".

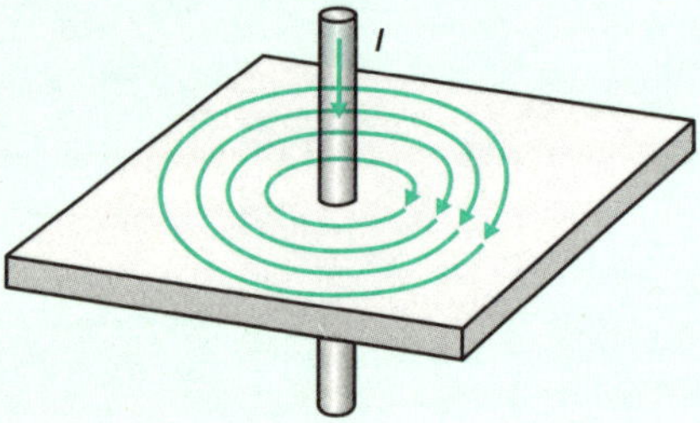

Bei sehr großen Stromstärken kann man auch mit aufgestreuten Eisenspänen den Verlauf der magnetischen **Feldlinien** sichtbar machen.

WISSEN • WISSEN • WISSEN • WISSEN • WISSEN • WISSEN • WISSEN

Diese Versuche zeigen einige Besonderheiten des magnetischen Felds, das in der Umgebung der Pole eines Dauermagneten in dieser Weise nicht zu beobachten ist:

- Das Magnetfeld eines gestreckten Drahtes kann man durch kreisförmige Feldlinien veranschaulichen, die den Draht konzentrisch umgeben.
- Die Feldlinien liegen in Ebenen, durch die der Draht senkrecht (orthogonal) hindurchtritt.
- Es gibt hier keine magnetischen Pole; die Feldlinien starten und enden *nicht* an Polen, sie haben weder Anfang noch Ende. Trotz dieser Eigenschaft hat es sich als zweckmäßig erwiesen, den magnetischen Feldlinien eine Orientierung (Richtungssinn) zuzuweisen. Man benützt die gleiche Definition, wie wir sie schon bei den Feldern von Dauermagneten kennengelernt haben. Die Richtung der Feldlinien soll mit der Bewegungsrichtung eines beweglichen (Probe-)Nordpols übereinstimmen. Für die Praxis ist der folgende Freihand-Versuch besser geeignet: Wird eine kleine Kompassnadel durch das Magnetfeld eines stromdurchflossenen Drahtes beeinflusst – erkennbar daran, dass *keines* ihrer Enden (keiner ihrer Pole) in Richtung des Drahtes weist –, so zeigt ihr Nordpol die Richtung der (unsichtbaren) Feldlinie an.
- Wird die Stromrichtung im Draht umgekehrt (durch Vertauschen der Anschlüsse an der Stromquelle), so dreht sich die Kompassnadel um 180°. Die Orientierung des Magnetfelds ist also abhängig von der Stromrichtung. Kommt der Strom „von unten her“ durch die Pappscheibe, so verlaufen die magnetischen Feldlinien entgegen dem Uhrzeigersinn.

Wird der stromdurchflossene Draht zu einer Drahtschlinge gebogen, so wird das den Draht umgebende Magnetfeld mitgenommen. Im Innenraum der Drahtschlinge verlaufen die magnetischen Feldlinien in gleicher Orientierung. Durch Zusammenwirken der Feldlinien von jedem Drahtstück verstärken sich deshalb hier die magnetischen Wirkungen.

Für eine rasche Vorhersage hat sich die **Rechte-Faust-Regel** bewährt: Hält man den Daumen der rechten Hand in die Richtung des fließenden Stroms (er weist dann in Richtung Minuspol der Quelle!), so zeigen die Finger der gekrümmten Faust die Richtung der magnetischen Feldlinien.

Überprüfe hier, ob das Wissen sitzt

1 Wie kann man das Magnetfeld um einen stromdurchflossenen Draht nachweisen?

2 Worin unterscheidet sich dieses Magnetfeld von dem eines Stabmagneten?

3 Auch wenn die magnetischen Feldlinien hier geschlossene Ringe (ohne Anfang und Ende) bilden, ist es sinnvoll, ihnen einen Richtungssinn zuzuschreiben (sodass Probepole eine entsprechende Wirkung erfahren wie im Feld eines Dauermagneten).
Erkläre diese Festlegung anhand der Rechte-Faust-Regel.

4 Elektromagnete beruhen auf der magnetischen Wirkung eines Stroms. Was kann man tun, um möglichst kräftige Magnete zu erhalten? Gib drei Maßnahmen an.

___

___

___

___

5 Das Magnetfeld der Erde hat starke Ähnlichkeit mit dem eines Stabmagneten. Deshalb nahm man früher an, dass ein Stab-Dauermagnet quer durch das Erdinnere gesteckt ist. Heute weiß man, dass das Erdmagnetfeld von Kreisströmen verursacht wird, deren Ursache jedoch noch nicht völlig geklärt ist. Wie man ebenfalls nachweisen kann, wurde und wird das Erdmagnetfeld etwa alle 250 000 Jahre umgepolt. Was muss im Erdinneren dazu passieren?

___

___

1 Eine kleine Kompassnadel in der Umgebung des Drahts wird aus ihrer Nord-Süd-Richtung abgelenkt. Alternativ auch mit Eisenfeilspänen auf einem Blatt Papier, durch das der Draht hindurch gestoßen wurde.

2 Es gibt hier keine magnetischen Pole. Die Feldlinien bilden in Ebenen senkrecht (orthogonal) zur Stromrichtung konzentrische Ringe; es entsteht ein sogenanntes *Wirbelfeld*. Das Magnetfeld lässt sich leicht ein- und ausschalten.

3 Umschließt die rechte Faust einen stromdurchflossenen Draht derart, dass der Daumen in die (konventionelle) Stromrichtung zeigt (vom Pluspol einer Quelle zu ihrem Minuspol), so markieren die gekrümmten Finger den Richtungssinn der magnetischen Feldlinien.

4 Möglichst viele Drahtschlingen zu einer Spule wickeln. Eine möglichst große Stromstärke wählen. Einen Eisenkern in die Spule stecken (seine Elementarmagnete werden im Magnetfeld der Spule ausgerichtet und verstärken diese).

5 Die für das Magnetfeld verantwortlichen Kreisströme müssen ihren Umlaufsinn ändern können.

64

Kraft auf Ströme im Magnetfeld

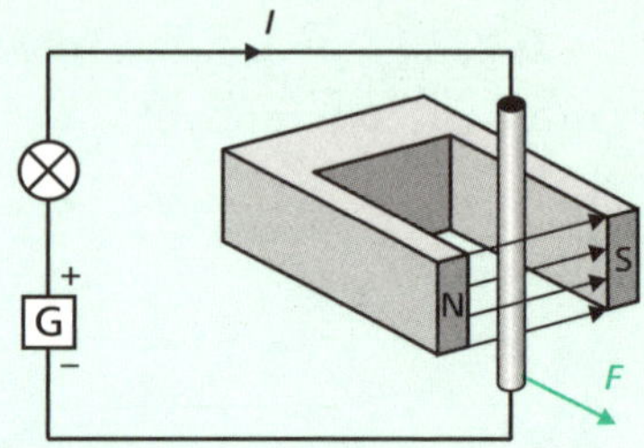

Wird ein stromdurchflossener (geradliniger) Leiter zwischen die Pole eines Hufeisenmagneten gebracht, so erfährt er eine (magnetische) Kraft.
Wenn man den Leiter nicht befestigt, so bewegt er sich in Richtung dieser Kraft: Sie wirkt stets senkrecht (orthogonal) zur Richtung der magnetischen Feldlinien des Hufeisenmagneten und stets orthogonal zur Richtung des Leiters. Auf *ruhende* elektrische Ladungen haben Magnetfelder keine Wirkungen. Erst wenn sich die Ladungen im Magnetfeld bewegen (also Strom fließt), tritt diese Kraft auf. Sie wird nach ihrem Entdecker *Hendrik A. Lorentz* (1853–1928) als **Lorentzkraft** bezeichnet. Die Lorentzkraft ist umso größer,

- je länger das Leiterstück ist, das sich im Magnetfeld befindet,
- je größer die Stromstärke ist und
- je stärker das Magnetfeld ist, in das der Leiter gebracht wird.

Die Richtung der Lorentzkraft ist stets orthogonal zur Bewegungsrichtung der elektrischen Ladungen und orthogonal zur Richtung der magnetischen Feldlinien. Auch hierfür existiert eine praktische Regel: die **Rechte-Hand-Regel**.

Hält man den Daumen in Richtung des Stromes (zum Minuspol der Quelle!), den Zeigefinger in Richtung des Magnetfelds (zum Südpol des Magneten!), so zeigt der Mittelfinger die Richtung der Lorentzkraft an.

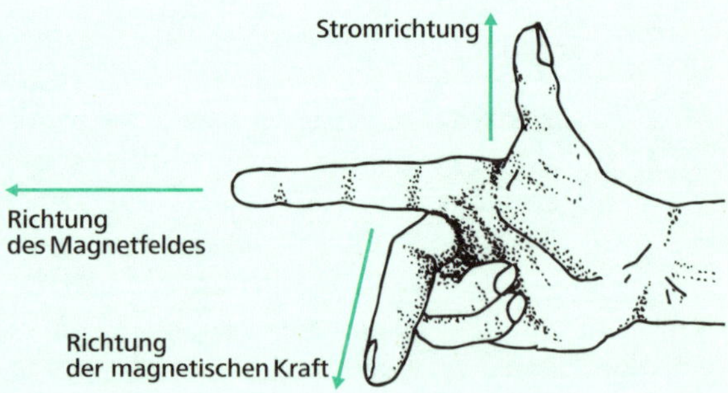

Lorentzkräfte bewirken die Drehung des Zeigers eines Drehspulinstruments, die Ablenkung des Elektronenstrahls in der Bildröhre eines Fernsehers, aber auch die außerordentlich großen Kräfte eines Elektromotors.

Überprüfe hier, ob das Wissen sitzt

1 Wovon hängt der Betrag der Lorentzkraft ab?

2 Unter welchen zwei Bedingungen erfährt ein metallischer Leiter eine Lorentzkraft?

3 Welche Finger zeigen bei der „Rechte-Hand-Regel“ die angegebenen Richtungen an?

Stromrichtung: ______

Richtung des Magnetfelds: ______

Richtung der Lorentzkraft: ______

1 Von der Stromstärke.
Von der Stärke des Magnetfeldes.
Von der Länge des Leiterstücks, das sich im Magnetfeld befindet.

2 Wenn im Leiter ein elektrischer Strom fließt.
Wenn die Längsachse des Leiters (genauer die Stromflussrichtung) nicht parallel zu den magnetischen Feldlinien verläuft.

3 Stromrichtung: Daumen
Richtung des Magnetfelds: Zeigefinger
Richtung der Lorentzkraft: Mittelfinger

65

Spannungserzeugung durch Induktion

Stromdurchflossene Leiter erfahren in einem Magnetfeld eine *(Lorentz-)* Kraft und bewegen sich daraufhin, wenn sie nicht befestigt sind. Lassen sich bei diesem Vorgang Ursache und Folge umkehren? *Michael Faraday* (1791–1867) fand die „Umkehrung“:
Wird ein Leiterstück in geeigneter Weise in einem Magnetfeld bewegt, so tritt an seinen Enden eine Spannung auf. Wird das Leiterstück zu einem geschlossenen Leiterkreis ergänzt, so fließt ein elektrischer Strom. Das im Magnetfeld bewegte Leiterstück ist die Spannungsquelle dieses Stromkreises. Diese Art der Spannungserzeugung wird in Physik und Technik als (elektromagnetische) **Induktion** bezeichnet.
Durch elektromagnetische Induktion entsteht auch die Spannung, die uns an den Steckdosen zur Verfügung steht. In den Generatoren der Kraftwerke rotieren Leiterspulen in einem Magnetfeld.

Der Betrag der induzierten Spannung hängt ab:
- von der Länge des Leiterstücks, das sich im Magnetfeld befindet,
- von der Stärke des Magnetfelds,
- von der Geschwindigkeit, mit der das Leiterstück bewegt wird,
- und vom Winkel der Bewegungsrichtung bezüglich der magnetischen Feldlinien.

Ein Höchstwert der Spannung wird erreicht, wenn die Bewegungsrichtung orthogonal zur Richtung der Feldlinien ist; keine Spannung wird erzeugt, wenn man den Leiter parallel zu den Feldlinien bewegt. Die Entstehung einer Induktionsspannung durch die Bewegung eines Leiters kann man erklären. Die frei beweglichen Ladungsträger (Elektronen) in den Leitern erfahren im Magnetfeld Lorentzkräfte, die sie in Bewegung setzen.
Eine Induktionsspannung tritt auch in anderen Fällen auf:
- wenn man den Leiter festhält und den Magneten bewegt (dies lässt sich nicht durch Lorentzkräfte erklären),
- wenn man Leiterschleifen oder Spulen relativ zum Pol eines Magneten bewegt (entfernt oder nähert), also auch die Stärke eines Magnetfelds am Ort der Spule ändert (auch dies lässt sich nicht durch Lorentzkräfte erklären).

Wenn man eine besonders große Induktionsspannung erhalten will, bewegt man eine Spule mit vielen Windungen möglichst rasch auf einen starken Magneten zu oder von ihm weg. Es ändert sich dadurch die Stärke des Magnetfelds in der Spule in rascher Weise, und an den Spulenenden entsteht eine große Spannung.

Wechselspannung

Auch bei der Drehung einer Spule in einem Magnetfeld erhält man an ihren Enden eine Spannung. Nach diesem Prinzip wird die Wechselspannung in den Generatoren der Kraftwerke erzeugt. Bei unserem Stromnetz wechselt die Polarität 50-mal in der Sekunde (die Frequenz beträgt 50 Hz). Schließt man an einen Generator einen Verbraucher an, so wird der Stromkreis geschlossen. Der Strom durch den Verbraucher fließt auch durch den Draht des Rotors im Generator. Da sich dieser in einem Magnetfeld befindet, erfährt er eine Lorentzkraft. Diese Kraft wirkt der Drehbewegung des Rotors entgegen: Beim Fahrraddynamo bekommt man diese Gegenkraft sehr deutlich zu spüren: Schaltet man den Dynamo ein, muss man mit größerer Kraft in die Pedalen treten.
Dieser Sachverhalt wird durch die **Lenz'sche Regel** ausgedrückt: Wenn bei einem Induktionsvorgang ein Strom fließt, dann fließt er stets in einer Richtung, sodass er der Ursache seiner Entstehung entgegenwirkt.

65

Überprüfe hier, ob das Wissen sitzt

1 Was versteht man in der Elektrizitätslehre unter *Induktion?*

2 Unter welcher Voraussetzung kann man eine induzierte Spannung erhalten?

3 Auf welche Weise lassen sich große Induktionsspannungen gewinnen?

4 Die Generatoren in den Kraftwerken, aber auch der kleine Dynamo am Fahrrad erzeugen Wechselspannungen nach dem Induktionsprinzip. Auf welche Weise erhält man eine Spannung an den Klemmen, deren Polarität sich fortwährend vertauscht?

5 Pfiffige Köpfe haben schon oft vorgeschlagen, den Fahrraddynamo mit einem kleinen Elektromotor zu verbinden, der dann das Rad antreibt. Was meinst du zu dieser Idee?
Was beinhaltet die Lenz'sche Regel?

1 Unter Induktion versteht man die Erzeugung einer elektrischen Spannung durch Bewegung eines Leiters in einem Magnetfeld.

2 Das (bewegte) Leiterstück muss magnetische Feldlinien schneiden (darf also nicht parallel zu den magnetischen Feldlinien bewegt werden).

3 Ein möglichst starkes Magnetfeld, möglichst rasche Bewegung und ein möglichst langes Leiterstück im Magnetfeld (bzw. Spule verwenden).

4 Bei einer rotierenden Spule in einem ortsfesten Magnetfeld (oder umgekehrt) entsteht an den Anschlussklemmen eine Wechselspannung.

5 Dieser Idee eines „Perpetuum mobile" steht der Energieerhaltungssatz entgegen. Eine Spezialform des EES drückt die Lenz'sche Regel aus: Wird die Induktionsspannungsquelle in einen Stromkreis eingesetzt, so erfährt der fließende Strom eine Lorentzkraft, deren Wirkung ihrer Entstehung entgegenwirkt. Sobald also der Dynamo mit dem Elektromotor verbunden wird, entsteht eine hemmende Kraft und der Fahrer muss weiterhin in die Pedale treten, wenn er seine Geschwindigkeit beibehalten will.

66

Energieübertragung mit Wechselstrom

Die elektrische Energie kommt aus den Kraftwerken in Form von **Wechselstrom** ins Haus. Dies hat einige Vorteile – obwohl viele Geräte (Fernseher, Radioapparate, Computer etc.) Gleichstrom zu ihrem Betrieb benötigen. Durch vorgeschaltete Gleichrichter wird deshalb aus dem Wechselstrom Gleichstrom gewonnen.

Vorteile eines Wechselstromnetzes:

- Wechselspannungen kann man *transformieren,* d. h. den Spannungswert am Ort des Verbrauchers beliebig verkleinern – aber auch vergrößern, und damit den *Verlust* an elektrischer Energie verringern, der wegen der viele Kilometer langen Zuleitungen vom Kraftwerk zum Verbraucher entsteht. Denn je höher die Spannung ist, desto kleiner kann die Stromstärke sein – für die gleiche Leistung $P = U \cdot I$. Der Verlust in Form von (Wärme-)Leistung hängt nämlich nach $P = I^2 \cdot R$ quadratisch von der Stromstärke ab!
- Generatoren und Motoren für Wechselspannung sind einfacher zu bauen und benötigen weniger Wartung. (Die Schleifkontakte der Stromzuführung können entfallen.)

Überprüfe hier, ob das Wissen sitzt

1 An (fast) allen Steckdosen der Welt steht heute Wechselspannung zur Verfügung. Welchen Vorteil hat Wechselstrom gegenüber dem früher gelieferten Gleichstrom?

____

____

____

____

____

____

2 Welche der folgenden Geräte können sowohl mit Gleich- als auch mit Wechselstrom betrieben werden, ohne dass ein eingebauter Gleichrichter benötigt wird? Kreuze an.

- ☐ Fernseher
- ☐ Tauchsieder
- ☐ Telefonnetz
- ☐ Computer
- ☐ Glühlampe
- ☐ MP3-Player

1 Wechselspannungen kann man transformieren, d.h. die Spannungen leicht den Anforderungen anpassen. Insbesondere werden dadurch die Energieverluste längs der Fernleitungen (durch Erwärmung der Drähte) wesentlich geringer. Auch sind Elektromotoren für Wechselspannungen einfacher zu bauen und besitzen kaum Verschleißteile.

2 Tauchsieder und Glühlampe (alle Geräte, welche die Wärmewirkung des Stroms nutzen)

67

Der Transformator

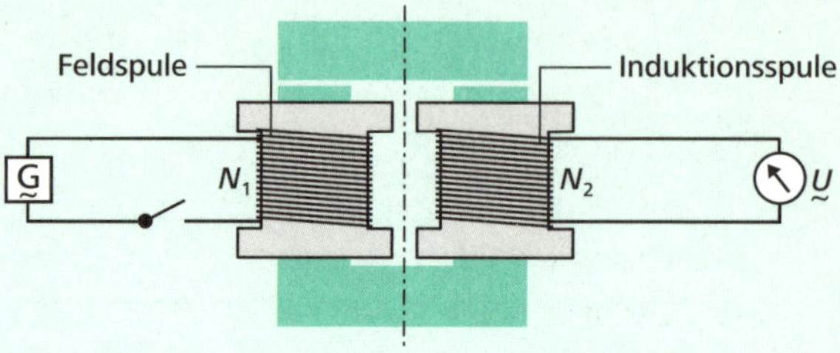

Der *Transformator* besteht aus zwei Spulen, die keine elektrische Verbindung miteinander haben, nur das gleiche Magnetfeld herrscht in ihrem Innenraum. Die Spulen stecken über den Schenkeln eines (meist) U-förmig gebogenen Eisenkerns, der durch ein Joch geschlossen ist. Wird eine Spule – **Feldspule** oder **Primärspule** genannt – an eine Wechselspannungsquelle angeschlossen, so kann an den Klemmen der anderen Spule – der **Sekundär-** oder **Induktionsspule** – dann ebenfalls eine Wechselspannung entnommen werden. Der Betrag dieser Sekundärspannung kann kleiner oder größer sein als der Betrag der Spannung an der Primärspule: Die Spannungen werden **transformiert**! Durch das sich rasch ändernde Magnetfeld wird in der Sekundärspule die Spannung induziert; Transformatoren „arbeiten" ausschließlich mit *Wechsel*strömen.

Wenn bei einem Transformator die Feldspule und die Induktionsspule die gleiche Windungszahl haben $(N_2 = N_1)$, so ist die induzierte Spannung U_2 (Sekundärspannung) genauso groß wie die Primärspannung U_1. Bei doppelter Windungszahl $N_2 = 2 \cdot N_1$ ist $U_2 = 2 \cdot U_1$, d.h., die Sekundärspannung ist doppelt so groß wie die Primärspannung.

Bei einem Transformator verhalten sich die Spannungen an den beiden Spulen wie die entsprechenden Windungszahlen:

$$\frac{U_2}{U_1} = \frac{N_2}{N_1}.$$

Beispiel:

Betragen bei einem Transformator die Windungszahlen $N_1 = 2300$ und $N_2 = 40$, so wird die Netzspannung $U_1 = 230\,\text{V}$ auf den (ungefährlichen)

Wert $U_2 = \frac{40}{2300} \cdot 230\,\text{V} = 4\,\text{V}$

„heruntertransformiert", d.h., das kleine Lämpchen einer Taschenlampe könnte – ohne Schaden zu nehmen – an der Steckdose betrieben werden.

WISSEN • WISSEN • WISSEN • WISSEN • WISSEN • WISSEN

In den käuflichen Steckernetzteilen wird die Spannung der Steckdose auf ungefährliche 4 V, 6 V, 7,5 V oder 9 V heruntertransformiert und anschließend wieder in Gleichspannung verwandelt. Im gleichen Verhältnis kann man auch die Spannung der Steckdose auf einen Wert

$$U_2 = \frac{2\,300}{40} \cdot 230\,\text{V} = 13\,225\,\text{V}$$

„hochtransformieren", wenn man die Primär- mit der Sekundärspule vertauscht, d.h. die Spule mit 40 Windungen als Primärspule einsetzt.

In der **Zündspule** eines Autos – einem Transformator – wird die Bordspannung $U = 12\,\text{V}$ auf die zur Zündung des Funkens der Zündkerze (zwischen 5 000 V und 20 000 V) notwendige Spannung hochtransformiert. Dazu wird der Primärstromkreis durch eine elektronische Schaltung, welche die augenblickliche Stellung des Kolbens in jedem Zylinder erkennt, periodisch ein- und ausgeschaltet. Bei jedem Schaltvorgang ändert das Magnetfeld in der Zündspule seine Stärke und es kommt zur Induktion.
Da bei einem Transformator die Leistung, die man der Sekundärseite entnimmt, gleich der Leistung ist, die die Primärseite dem Netz abverlangt $(P_1 = P_2)$, kann man auch von einer Transformation der Ströme sprechen.

Mit einem Transformator, dessen Spulen die Windungszahlen N_2 und N_1 besitzen, kann man Wechsel*spannungen*, aber auch Wechsel*ströme* transformieren:

$$\frac{U_2}{U_1} = \frac{I_1}{I_2} = \frac{N_2}{N_1}.$$

Spannungen werden im Verhältnis der Windungszahlen der entsprechenden Spulen transformiert, Stromstärken im umgekehrten Verhältnis.
Beispiel:

Beim Elektroschweißen wird die Netzspannung durch einen „Schweißtransformator" auf einen ungefährlichen Wert von ca. 23 V – also im Verhältnis 230 V : 23 V = 10 – heruntertransformiert. Im gleichen Verhältnis lässt sich die Stromstärke transformieren. Ist die *Primär*seite des Transformators mit einer Sicherung von 16 A abgesichert, so würde diese erst bei einer Stromstärke von 160 A im *Sekundärstromkreis* unterbrechen. Bei dieser großen Stromstärke kann man zwischen den Elektroden einen Lichtbogen erzeugen, dessen Gas Temperaturen bis zu 4 000 °C erreicht – eine Temperatur, bei der alle Metalle schmelzen.

Überprüfe hier, ob das Wissen sitzt

1 Aus welchen Bauteilen besteht (im Prinzip) ein Transformator?

2 Warum kann ein Transformator keine Gleichspannung transformieren?

3 Bei einem Transformator besitzt die Primärspule 20 000 Windungen, die Sekundärspule 400 Windungen. Die Primärspule wird an das Netz mit 230 V Spannung angeschlossen. Welche Spannung misst man an der Sekundärspule?

4 Der Funken bei einer Zündkerze springt nur bei Hochspannung (z. B. 20 000 V) über. Die Bordspannung im Auto beträgt aber meist nur 12 V. Wie wird dieses Problem im Auto gelöst?

5 Beim Elektroschweißen wird die gefährliche Netzspannung auf ungefährliche Niederspannung (von ca. 40 V) heruntertransformiert. Weshalb lassen sich damit Metalle zum Schmelzen bringen?

1 Zwei Spulen mit Drahtwicklungen, ein geschlossener Eisenkern, der das Magnetfeld durch das Innere beider Spulen führt.

2 Bei einem Transformator gibt es keine beweglichen Bauteile. Induktion kann deshalb nur stattfinden, wenn sich das magnetische Feld (zeitlich) ändert. Dies findet bei konstanten Gleichströmen nicht statt.

3 Aus dem Verhältnis der Windungszahlen 20 000 : 400 = 50 : 1 ergibt sich, dass die Spannung an der Sekundärspule (230/50) V = 4,6 V beträgt.

4 In der Zündspule wird die Spannung hochtransformiert. Da jedoch zunächst 12 V Gleichspannung vorliegt, wird diese durch einen Unterbrecher (heute meist ein elektronisches Bauteil) in einen pulsierenden Gleichstrom zerhackt, was ein sich änderndes Magnetfeld zur Folge hat.

5 Bei einem (idealen) Transformator ist die primär aufgenommene Leistung gleich der an der Sekundärseite abgegebenen. Daraus folgt: Wird die Spannung heruntertransformiert, kann im umgekehrten Verhältnis die Stromstärke steigen.
Im Sekundärstromkreis eines Schweißtransformators fließen deshalb große Ströme, die Metalle zum Schmelzen bringen können (die Wärmewirkung wächst mit seiner Stromstärke im Quadrat).